生命科学研究系列丛书

抗枯草溶菌素转化酶前体9新型抗体的研究

李新洋　王青青　著

东北林业大学出版社

Northeast Forestry University Press

·哈尔滨·

图书在版编目（CIP）数据

抗枯草溶菌素转化酶前体 9 新型抗体的研究 / 李新洋，
王青青著 . -- 哈尔滨：东北林业大学出版社，2024. 8.
（生命科学研究系列丛书）. -- ISBN 978-7-5674-3671-8

Ⅰ . Q556-33

中国国家版本馆 CIP 数据核字第 2024U0D059 号

抗枯草溶菌素转化酶前体 9 新型抗体的研究
KANGKUCAO RONGJUNSU ZHUANHUAMEI QIANTI 9
XINXING KANGTI DE YANJIU

责任编辑: 潘　琦
封面设计: 乔鑫鑫
出版发行: 东北林业大学出版社
　　　　　　（哈尔滨市香坊区哈平六道街 6 号　邮编：150040）
印　　装: 三河市华东印刷有限公司
开　　本: 787 mm × 1092 mm　1/16
印　　张: 8.5
字　　数: 180 千字
版　　次: 2024 年 8 月第 1 版
印　　次: 2024 年 8 月第 1 次印刷
书　　号: ISBN 978-7-5674-3671-8
定　　价: 68.00 元

前　言

随着经济社会的高速发展和人们生活水平的不断提高，心脑血管疾病发病形势日趋严峻，即便是采用了目前世界上最先进、最完善的治疗手段，仍会有 50% 以上的患者出现生活不能自理和生存质量下降等情况。就全世界范围来讲，每年死于心脑血管疾病的人数高达 1 500 万，该类疾病的死亡率超过癌症居各种死亡因素的首位。在心血管疾病的众多诱发因素当中，高血脂症或者低密度脂蛋白胆固醇（LDL-c）水平异常升高常常受到研究者关注。

目前临床一线最常用的降血脂药物为他汀类，即 3- 羟基 -3 甲基戊二酰辅酶 A（HMG-CoA）还原酶抑制剂。然而，最近研究发现他汀类药物存在很多非降脂作用，其中包括抑制动脉粥样硬化与血栓形成，还具有缓解器官移植后的排异反应、治疗骨质疏松症、抗肿瘤和抗老年痴呆等多种作用。除此之外，一些患者长时间服用他汀类药物后，会产生耐药而不得不选择中断治疗，寻求其他降脂途径，且部分家族遗传性高血脂患者仅依靠他汀类药物并不能获得理想的血脂水平（~100 mg/dL），这就需要寻找新的降血脂靶点和开发新的药物。2003 年，研究者发现，在心血管疾病领域，除了载脂蛋白 ApoB、低密度脂蛋白受体 LDLR 以外，枯草溶菌素转化酶前体 9（PCSK9）可能是脂代谢通路中一个新的生物靶点，抑制 PCSK9 可能是一种降低 LDL-c 水平的有效策略，它介导肝细胞低密度脂蛋白受体（LDLR）的降解，减少 LDLR 对血浆 LDL-c 的摄取，导致 LDL-c 水平升高。2020 年，Nature 杂志曾将 PCSK9 评为最具治疗潜力的"明星"靶点之一，副作用较低的降血脂抗体药物逐渐受到研究者的青睐。

传统上，抗体药物研发主要采用的是表面展示（Surface display）和杂交瘤细胞（Hybridoma）融合等途径，这些技术主要基于抗原 - 抗体结合的原理来筛选高效抗体，目前抗体筛选手段的发展趋势是简单化、自动化和智能化等。随着二代高通量测序技术（NGS）的进步，研究者尝试基于 NGS 数据对 B 细胞抗体免疫组库的生物信息分析来研发抗体，其主要原理是：通过分析抗体克隆的丰度变化规律，筛选有潜在抗原特异性和高亲和力的抗体序列。本书研究第一部分以人细胞角蛋白 18（Cytokeratin 18，简称 CK18）为研究对象验证基于抗体组库分析技术研发抗体的可行性；第二部分研究利用抗体组库分析技术和 Phage display 技术研发羊驼来源的新型抗 PCSK9 抗体。

本书研究中我们建立了小鼠免疫人 CK18 抗原和羊驼免疫人 PCSK9 抗原的特异性抗体免疫组库，并应用 NGS 和免疫组库分析技术研发出有高亲和力的诊断检测型抗体 CK18-4_ab，验证了方法学上的可行性；又基于 Phage display 和亲和力动力学等实验手段研发出治疗型降血脂抗体 B11-Fc，基于酵母表达系统低成本，高产量和灵活性高等优势，我们相信该研究的新型抗 PCSK9 抗体会为降血脂单抗药物的国产化奠定良好基础。

最后，本书的主题为抗 PCSK9 新型抗体的开发研究，可供相关领域科研院所的研究人员、大中专院校的本科生、研究生、教师做参考。本书研究开展的过程中得到了河南城建学院（NO. K-Q2021020）、深圳市科技创新委员 会（NO. JSGG20170412153009953、NO. JCYJ20170412152916724 和 NO. JCY20170817145305022）、深圳华大生命科学研究院（NO. PMS00531）等多个单位基金的资助；本书也得到了杨乃波教授、张秀清研究员、洪军教授的大力支持，在此一并感谢。全书总共分为四章，第 1 章、第 3 章和第 4 章由李新洋老师负责著作，第 2 章由王青青老师负责著作。由于作者能力和水平有限，加之时间仓促，书中难免会有错误或者纰漏之处，在此请各位读者批评指正。

李新洋　王青青

2024 年 7 月于河南城建学院

目　　录

第1章 绪 论

1.1 人细胞角蛋白18是多种疾病的生物标记物

生物标记物指的是一些特异性存在于肿瘤等疾病的组织细胞或由其产生的蛋白质等大分子物质。目前临床上常见的肿瘤标记物包括癌胚抗原、甲胎蛋白、前列腺特异性抗原、细胞角蛋白18（cytokeratin 18，CK18）和糖类抗原199等。其中癌胚抗原常用于消化道癌、肺癌和卵巢癌等肿瘤的诊断；甲胎蛋白是最早发现的肿瘤标记物，常用于肝癌的诊断；CK18则是多种疾病包括癌症的通用型标记物；糖类抗原199常用于胰腺癌的诊断。研发单克隆抗体作为生物诊断试剂，具有高亲和力、高特异性等特点，对于推动肿瘤等疾病的早诊早治具有重要意义。

CK18的相对分子质量约为45 ku，由430个氨基酸组成，是构成细胞骨架的主要中间丝蛋白之一，也是一类在人上皮细胞中广泛存在的结构蛋白。CK18蛋白与细胞凋亡、细胞周期以及细胞癌变等众多信号通路有关。它经常被天冬氨酸特异性半胱氨酸蛋白酶（caspase）水解成多种片段形式，这会导致其在血浆中的水平升高。据报道，完整的CK18蛋白会在细胞坏死的过程中释放至血浆中，而CK18蛋白的水解片段经常会在细胞癌变的过程中进入血浆。在临床诊断中，它们经常会被用作免疫组织化学染色的标记物；另外还发现CK18与肿瘤细胞侵袭以及转移密切相关，因此它可以作为恶性肿瘤辅助诊断的主要依据，这说明开发针对CK18的特异性抗体具有一定的临床意义。事实上，CK18蛋白的两种主要水解片段M30和M65的水平已经被证实可以用作诊断鼻咽癌的标记物。此外，一项慢性乙型肝炎临床研究表明，CK18-Asp396（即M30片段）同样是严重乙肝感染病人的一个高度特异性的生物标记物，它与病毒性肝炎、酒精性肝病以及肝癌等呈明显的相关性，CK18及其水解片段在体内的表达水平能够直接反映患者肝细胞受损伤的程度，因此可作为肝脏病变发生、发展和恶化的检测指标。因某种特定的肿瘤标记物对于各种恶性肿瘤诊断存在局限性，因此 CK18 联合其他的肿瘤标记物共同检测早期恶性肿瘤具有更高的诊断价值，而且还能够有效地帮助诊断区分恶性肿瘤和良性肿瘤。所以在肿瘤早期诊断抗体药物的研发方面，以 CK18 作为经典的肿瘤标记物进行研究，具有一定的代表性和科研意义。

1.2 心血管疾病的高危害性和他汀类药物的局限性

心脑血管疾病指的是心脏血管以及脑血管疾病的总称，包含由于高血脂、动脉粥样硬化和（或）高血压等症状所引发的心肌炎、冠心病、心肌梗死、脑卒中（脑中风）等缺血性或出血性疾病。临床常见表现为心悸、胸口痛、头晕、头痛、恶心、呕吐和偏瘫等。心脑血管疾病是一类严重威胁人类健康的常见病，特别是对五六十岁以上的中老年人来说，心脑血管疾病具有高患病率（如高血压、高血脂）、高致残率（如脑卒中）、高死亡率（如心肌梗死）和高复发率（如脑卒中）等特点，即便是采用了目前世界上最先进、最完善的治疗手段，仍会有 50% 以上的心脑血管疾病幸存者出现生活不能自理和生存质量下降等情况。心脑血管疾病在威胁人类健康的多种病种中排名第一，严重影响了人们的生命健康和生存质量。据报道，全世界每年因心脑血管疾病死亡的人数高达 1 790 万人，其中我国就有 350 多万人，因该类疾病致残的更是高达 700 多万人，给社会了造成巨大负担。根据《中国卫生健康统计年鉴 2022》和国家心血管病中心专家胡盛寿院士领衔编撰的《中国心血管健康与疾病报告 2022 概要》显示，中国心血管疾病患病率及死亡率仍处于上升阶段，该份报告推算我国心血管疾病现有患病人数超过 3.3 亿，且心血管疾病死亡率仍居首位，占居民疾病死亡因素的 45% 以上，农村地区居民的心血管疾病发病率持续高于城镇。值得注意的是，低密度脂蛋白（LDL-c）水平升高导致的高血脂异常为心脑血管疾病的重要诱因。

在心血管疾病众多诱发因素当中，高脂血症或者高脂蛋白血症常常受到关注，它是指血浆中总胆固醇（cholesterol，简称 CHOL）和三酰甘油（triacylglycerol，简称 TG）水平升高，这其实是由血浆中某一类或某几类脂蛋白水平升高所导致的。近年来人们已逐渐认识到血浆中高密度脂蛋白胆固醇（high density lipoprotein cholesterol，简称 HDL-c）降低和低密度脂蛋白胆固醇（low density lipoprotein cholesterol，简称 LDL-c）升高也是一种血脂代谢紊乱。因而有研究者建议采用脂质异常血症这一名称，并认为该名称才能正确地反映血脂代谢紊乱的状态。

目前临床一线降血脂采用的仍然是他汀类药物，即 3- 羟基 -3 甲基戊二酰辅酶 A（HMG-CoA）还原酶抑制药，此类药物是目前最有效的降脂药之一，不仅能强效地降低 CHOL 和 LDL-c，而且能一定程度上降低 TG，还能升高 HDL-c，所以他汀类药物也可以称为较全面的调脂药。他汀类药物的作用机制是通过竞争性抑制内源性胆固醇合成限速酶 HMG-CoA 还原酶，阻断细胞内羟甲戊酸代谢途径，使细胞内胆固醇合成减少，从而反馈性刺激细胞膜表面的 LDL-c 受体（LDL-c receptor）数量和活性增加，使血清胆固醇清除增加和水平降低，临床上主要用于降低胆固醇尤其是 LDL-c，治疗动脉粥样硬化，现已成为冠心病预防和治疗的最有效药物之一。最近研究发现他汀类药物存在很多非降脂作用，其中包括抑制动脉粥样硬化与血栓形成，还具有缓解器官移植后的排异反应、治疗骨质疏松症、抗肿瘤和抗阿尔茨海默病等多种作用。然而，一些患者长时间服用他汀类药物后，会产生耐药而不得不选择中断治疗，寻求其他降脂途径，且部分家族遗传性高血脂患者仅依靠他汀类药物并不能获得理想的血脂水平（5.6 mmol/L），这就需要寻找新的降血脂靶点和开发新的药物。

2017 年 4 月，欧洲动脉粥样硬化学会（EAS）颁布的《低密度脂蛋白致动脉粥样硬化性心血管疾病专家共识》得出结论：降低 LDL-c 水平可以显著降低心血管事件风险。LDL-c 每降低 1 mmol/L，5 年内主要不良心血管事件发生率降低 22%。荟萃分析指出，LDL-c 水平每降低 1 mmol/L，全因病死率下降 19%，冠状动脉事件下降 23%，心脏事件下降 21%。因此降低 LDL-c 成为预防动脉粥样硬化发生、发展的重要手段。

1.3 枯草溶菌素转化酶前体 9 是有效的降血脂靶点

有报道称，长时间服用他汀类药物会增加血管钙化和骨骼肌损伤的风险，有可能造成 PCSK9（proprotein convertase subtilisin kexin type 9，PCSK9）水平的上升。PCSK9 原名为神经凋亡调控转化酶 1（neural apoptosis-regulated convertase 1，NARC-1），是枯草溶菌素转化酶前体家族的第 9 个成员。PCSK9 蛋白的结构如图 1.1 所示，主要由信号肽（signal peptide）、前导区（pro-domain）、催化区（catalytic domain）和 C 末端区（C-terminal domain）组成，可以访问网站在线获取它的晶体结构（获取编码为 PDB 2QTW，https://www.ebi.ac.uk/pdbe/entry/pdb/2QTW）。2003 年，美国科学家 Abifade 在研究中发现了脂代谢通路中有一种被称为 PCSK9 的蛋白基因突变和 LDL-c 水平存在负相关的关系，具体而言，他发现在人群中 PCSK9 基因自然存在着两大类的功能型突变：功能获得型突变和功能缺失型突变。在功能获得型突变的病人血清中发现 LDL-c 的水平会发生显著增高，从而导致常染色体显性高胆固醇血症或早发性动脉粥样硬化疾病，主要形式有 S127R、D129G、F216L、R218S、D374Y、N425S、R496W、H553R、E670G 等（其中字母代表氨基酸的缩写，数字代表氨基酸在 PCSK9 蛋白序列上的位置，如 S127R 代表第 127 位的丝氨酸 S 突变为精氨酸 R）；而在功能缺失型突变的病人血清中发现 LDL-c 的水平会发生显著降低，导致低胆固醇血症，主要形式有 R46L、Y142X 和 C679X 等，这些类型的突变发生率较高，以上发现显示，在心血管疾病领域，除了载脂蛋白 ApoB、低密度脂蛋白受体（low density lipoprotein receptor，LDLR）以外，PCSK9 可能是脂代谢通路中一个新的生物靶点，抑制 PCSK9 可能是一种降低 LDL-c 水平的有效策略。它介导肝细胞 LDLR 的降解，减少 LDLR 对血浆 LDL-c 的摄取，导致 LDL-c 水平升高。

Signal peptide	Pro-domain	Catalytic domain	C-terminal domain

Amino acid NO. 1   30   152   425   692
Amino acid sequence：

```
  1 MGTVSSRRSW WPLPLLLLLL LLLGPAGARA QEDEDGDYEE LVLALRSEED GLAEAPEHGT
 61 TATFHRCAKD PWRLPGTYVV VLKEETHLSQ SERTARRLQA QAARRGYLTK ILHVFHGLLP
121 GFLVKMSGDL LELALKLPHV DYIEEDSSVF AQSIPWNLER ITPPRYRADE YQPPDGGSLV
181 EVYLLDTSIQ SDHREIEGRV MVTDFENVPE EDGTRFHRQA SKCDSHGTHL AGVVSGRDAG
241 VAKGASMRSL RVLNCQGKGT VSGTLIGLEF IRKSQLVQPV GPLVVLLPLA GGYSRVLNAA
301 CQRLARAGVV LVTAAGNFRD DACLYSPASA PEVITVGATN AQDQPVTLGT LGTNFGRCVD
361 LFAPGEDIIG ASSDCSTCFV SQSGTSQAAA HVAGIAAMML SAEPELTLAE LRQRLIHFSA
421 KDVINEAWFP EDQRVLTPNL VAALPPSTHG AGWQLFCRTV WSAHSGPTRM ATAIARCAPD
481 EELLSCSSFS RSGKRRGERM EAQGGKLVCR AHNAFGGEGV YAIARCCLLP QANCSVHTAP
541 PAEASMGTRV HCHQQGHVLT GCSSHWEVED LGTHKPPVLR PRGQPNQCVG HREASIHASC
601 CHAPGLECKV KEHGIPAPQE QVTVACEEGW TLTGCSALPG TSHVLGAYAV DNTCVVRSRD
661 VSTTGSTSEE AVTAVAICCR SRHLAQASQE LQ
```

图 1.1　PCSK9 蛋白结构示意图

注：人 PCSK9 蛋白共有 692 个氨基酸，分别由信号肽（NO.1 ~ 30）、前导区（NO.31 ~ 152）、催化区（NO.153 ~ 425）和 C 末端结构域（NO.426 ~ 692）组成。氨基酸按每行 60 个来展示。

在脂代谢中抗体抑制 PCSK9 的作用原理如图 1.2 所示。2005 年，Hobbs 和 Cohen 在"达拉斯心脏病研究（Dallas heart study）"项目中对胆固醇水平较低

人群进行 *PCSK9* 基因测序发现，*PCSK9* 基因发生无义突变，PCSK9 蛋白的合成明显抑制，LDL-c 水平明显降低；对冠心病有保护作用动脉粥样硬化风险研究（atherosclerosis risk in communities，ARIC）结果也显示，PCSK9 功能缺失型突变体显著降低冠心病的风险。由此可见：从 *PCSK9* 功能缺失型突变中，我们看到靶向抑制 PCSK9，有助于降低 LDL-c 水平。因此，PCSK9 成为炙手可热的降脂新靶点，PCSK9 抑制剂应运而生。

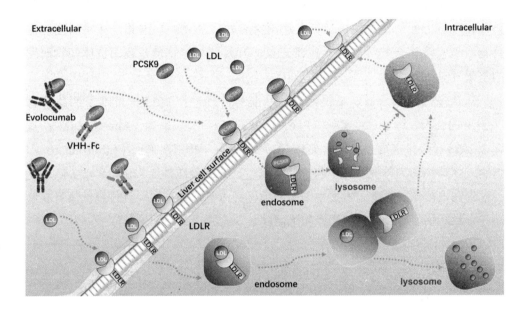

图 1.2 PCSK9 在脂代谢过程中的作用原理图

注：正常情况下，LDL-c 可以结合肝细胞表面（Liver cell surface）的 LDL 受体，然后进入胞内（intracellular）被溶酶体（lysosome）降解，LDLR 可以重新回到肝细胞表面并恢复活性（底部不含"×"箭头的代谢通路）；PCSK9 蛋白也可以结合 LDLR，在脂代谢中扮演者重要角色。PCSK9 水平升高，影响 LDL-c 结合 LDLR，会导致 LDL-c 代谢异常，LDLR 也在胞内会被异常降解（上部含"×"箭头的代谢通路）。PCSK9 抑制性抗体（左侧抗体指示的为上市药物 Evolocumab 和右侧抗体指示的为本研究中的重链抗体 VHH-Fc）可以结合 PCSK9，在肝细胞表面在一定程度上恢复 LDLR 活性，促进 LDL-c 的正常代谢。

1.4 抗体药物市场及已上市的降血脂抗体药物

抗体能够识别、中和及清除外界侵入机体的或自身的抗原，在疾病诊疗、预防和基础科学研究领域都有着广泛的应用。经过三十余年的发展，单克隆抗体药物已经成为生物制药产业中最重要组成部分，它继重组蛋白之后，引领了第二次生物制药产品的浪潮。目前，全球已有近百种抗体药物被批准上市，截至 2022 年，抗体药物总体市场规模已突破 2 200 亿美元，并呈逐年继续增长趋势。抗体药物在临床上主要应用于肿瘤、自身免疫病、罕见病、心血管系统疾病和传染性疾病等众多疾病的治疗，应用非常广泛。目前，全球抗体药物产业发展强劲，但我国的上市抗体药物及原创药物严重不足。国内企业在产品种类、抗体靶标和新抗体发现等方面，都与欧美日等发达国家有较大的差距。因此，开发原创抗体药物、丰富抗体药物种类、寻找新靶点、开发新技术依然是我国抗体药物研发的重要方向。

从全球范围内来看，美国食品药品监督管理局在 2015 年批准了两款抑制 PCSK9 的药物，即依弗库单抗（Evolocumab）和阿利尤单抗（Alirocumab）；我国于 2023 年 8 月批准了第三款抗 PCSK9 抗体 —— 托莱西单抗（Tafolecimab），但这三款药物均为传统抗体，售价比较昂贵，每人每年达 5 850 美元以上，这使得它们在很多地方尤其是发展中国家和地区并未被广泛使用，且传统抗体只能低温保存和运输，所以使用起来极为不便。

1.5 单域抗体的独特优势

1993 年，Hamers 等在骆驼血液中发现天然缺失轻链的抗体，克隆这种重链抗体的可变区可以得到抗原的最小结合片段，即单域抗体。后经证实，骆驼科动物（包含双峰驼、单峰驼、美洲驼、大羊驼、小羊驼和驼马等）和软骨鱼（主要是鲨鱼体内存在着一类只有两条重链形成的二聚体抗体，它有别于传统的重链轻链形成的四聚体抗体，既不含有轻链也不含有恒定区 CH1 区域，这种新型的抗体称为重链抗体，也称为单链抗体。重链抗体的可变区因其结构简单被称为单域抗体，因其长宽都在 10 nmol/L 以下，也被称为单域抗体，通常只有传统抗体大小的 1/10，15 ku 左右，其内部存在二硫键，表面有大量亲水残基，具有高稳定性，对热和 pH 值有较强的抵抗力。骆驼单域抗体的 VHH 胚系基因序列和人 VH3 高度同源，不同之处在于骆驼的抗体互补结合区Ⅲ（complementarity determining region 3，简称 CDR3）区段比人稍长，这可能使得 VHH 对抗原结合具有更高的特异性和亲和力。除此之外，这类抗体还有诸多优点，比如可以直接用大肠杆菌或者酵母表达、产量高、稳定性强、免疫原性低和能透过血脑屏障等，这些优势使得单域抗体近年来逐渐成为研究热点。值得一提的是，在 2018 年 5 月和 2019 年 2 月，全球首个单域抗体药物 Cablivi（Caplacizumab 的商品名）先后被欧盟和美国药监部门批准上市，用于治疗血小板减少性紫癜，这一消息极大地增强了新型单域抗体药物领域的研发热度，从侧面反映了单域抗体也具有较高的成药性。

1.6 抗体研发技术

抗体药物研发中的早期抗体发现通常采用的是杂交瘤细胞（hybridoma）技术、表面展示技术和单 B 细胞 PCR 扩增技术，使用这三种方法筛选出来的抗体具有亲和力高和特异性好等优点，然而这些方法筛选过程复杂，需耗费大量人工。最近几年，又出现了一些基于高通量测序（next generation sequencing，NGS）的抗体组库分析和基于单细胞测序等新型策略来筛选抗体的技术，这些新的方法利用生物信息学分析的方式进行抗体序列筛选，绕过了生物淘选的复杂步骤，大大提高了抗体的筛选效率。

1.6.1 杂交瘤细胞技术

德国科学家科勒（Kohler）和英国米尔斯汀（Milstein）于 1975 年发明了 Hybridoma 细胞技术，并因此于 1984 年获得了诺贝尔生理和医学奖，该技术在整个生命科学发展历史中都具有里程碑的意义。Hybridoma 细胞技术的原理在科学设计上非常精巧，B 淋巴细胞可以分泌产生抗体，且通常情况下，一个 B 淋巴细胞克隆仅产生一种抗体，即单克隆抗体，但由于体外 B 淋巴细胞属于原代细胞，不能无限地传代下去，所以研究者无法在体外有效地筛选和生产抗体。Hybridoma 细胞技术的原理概述如下。骨髓瘤细胞属于一种可以永久传代的肿瘤细胞，也由 B 淋巴细胞衍化而来。两位科学家使用仙台病毒作为促进细胞融合的媒介，将小鼠的骨髓瘤细胞和正常的 B 淋巴细胞进行融合，产生了多种同源、异源二倍体以及多倍体的子细胞，其中也包括未经融合的亲本细胞。这些类型的细胞中只有异源杂合的细胞才能在特定的选择性培养基中生存下来，其余类型细胞在几代后都会死亡。存活下来的这类异源杂合细胞，保留了亲本两种细胞的优点，既可以产生抗体，又可以无限地传代下去，被研究者称为 Hybridoma 细胞。

Hybridoma 细胞可以直接接种在小鼠的腹腔中大量生产腹水抗体，这是一种非常简单的抗体生产方式。

1.6.2　表面展示技术

抗体发现常用的展示平台有噬菌体展示技术（Phage display）、核糖体展示技术和细胞（酵母、哺乳动物细胞等）展示平台等。其中，Phage display 平台操作简便、筛选通量高，被誉为抗体技术的第三次革命。Phage display 技术在 1985 年由 Smith 等研究者创建，其基本原理为：将外源蛋白或者多肽基因克隆到噬菌体基因组中，与噬菌体的衣壳蛋白融合表达，并展示在噬菌体颗粒的表面，最后利用抗原抗体特异性结合实现目的抗体的高效筛选。该技术保持了蛋白的空间结构和生物学活性，筛选范围极大，几乎不受抗原种类的限制，在全世界范围内得到广泛应用。自 20 世纪 90 年代以来，Phage display 技术已经成为分离靶特异性单域抗体的最广泛的筛选技术之一。

研究者 Arbabi Ghahroudi 等于 1998 年通过 Phage display 技术分离出了第一个单域抗体序列。在该方法中，根据标准免疫方案对单峰骆驼进行抗原免疫，然后从外周血淋巴细胞中分离 mRNA，并通过逆转录合成 cDNA。VHH 由约 360 bp 的基因片段编码，因此可以通过 PCR 很容易地扩增并连接到克隆载体中。随后将连接有 B 细胞产生的 VHH 抗体库的噬菌体质粒转化到大肠杆菌中用于噬菌体单域抗体 VHH 抗体库的构建。为了得到 VHH 的展示文库，在细胞生长至对数中期后，使用 M13K07 辅助噬菌体感染大肠杆菌。通过聚乙二醇（polyethylene glycol，简称 PEG）沉淀制备噬菌体。随后的抗原特异性单域抗体筛选过程被称为生物淘选。通常，3~4 轮淘选足以富集阳性克隆。可以在标准酶联免疫吸附测定（enzyme-linked immunosorbent assay，简称 ELISA）中筛选单个克隆以产生抗原特异性单域抗体。对 ELISA 阳性克隆的核苷酸序列进行测序以推断单域抗体的氨基酸序列。筛选来自免疫抗体库的单域抗体的抗原特异性和亲和力通常足以用于大多数生物医学领域，包括疾病诊断、生物成像、药物筛选和靶向治疗等。

1.6.3　基于免疫组库高通量测序的抗体发现技术

研究人员 Sai T. Reddy 等于 2010 年报道了一种基于 NGS 的抗体发现策略，通过对小鼠免疫后的抗体免疫组库进行分析，表达高丰度的抗体重链和轻链序列即可以得到有高亲和力（纳摩尔级及以下水平）的抗体。研究者 Fridy 等于 2014

年报道了一种高度优化的策略，可以快速生产针对所选抗原蛋白的高亲和力单域抗体。该方法基于对来自免疫后的美洲驼的骨髓淋巴细胞 VHH cDNA 文库的高通量 DNA 测序，结合质谱分析法（mass spectrum，简称 MS）鉴定来自同一动物血清中经过亲和纯化的 VHH 区域。该方法中，首先自美洲驼免疫后在血清中分离出重链抗体，再进一步通过酶解、亲和纯化等策略分离与抗原特异结合的 VHH 片段，该片段用胰蛋白酶消化并通过液相色谱串联质谱（LC-MS/MS）分析。同时，为了获得动物特异性抗体序列数据库，研究者从免疫的美洲驼中获得淋巴细胞 RNA 并反转录成 cDNA，随后进行巢式 PCR 以特异性扩增编码 VHH 区的序列后进行 NGS。将核酸序列翻译成氨基酸序列，以产生用于 MS 分析抗体序列用的参考数据库，依靠生物信息分析技术筛选出针对特定抗原的高可信度的单域抗体序列，并于大肠杆菌中进行表达和验证。

理论上，该方法与 Phage display 技术相比，可提高低丰度的阳性克隆的检出率，相比于噬菌体筛选技术从 $1×10^7 \sim 1×10^8$ 个克隆的抗体库中只能鉴定到少量的高丰度阳性克隆来说，该方法的单次筛选具有更高的成功率，在筛选速度上具有显著的优势。值得一提的是，目前基于 NGS 或（和）MS 的抗体发现技术，仍处于研究开发阶段。不管是在国外还是在国内还未真正实现产业化，究其原因主要是对生物信息分析技术要求较高、对仪器设备依赖程度较大以及研发成本较高等，但是这套技术的高门槛并不能阻挡国际上一些实力雄厚的生物实验室和医药巨头加速其产业化的步伐。

1.7　本书研究的目的和技术路线

本书首先验证了应用免疫组库技术研发抗体这种新型方法的可行性。随后基于 NGS、抗体组库分析和 Phage display 等技术，研发抑制人 PCSK9 蛋白的新型重组嵌合驼人重链抗体 VHH-Fc，总体的技术路线如图 1.3 所示。

首先对基于抗体组库分析技术发现抗体的流程做了方法学验证（图 1.3），包含以下流程：动物免疫、血样采集、总 RNA 提取、免疫组库建库、高通量测序（或联合质谱）、数据分析、抗体筛选、基因合成、抗体表达、结合性测定和亲和力测定。本书同时又基于 Phage display 技术研发和评价驼类抗 PCSK9 的单抗，包含以下流程：噬菌体免疫库构建、噬菌体拯救和淘选、新型抗体设计、表达纯化、亲和力测定、LDL-c 代谢实验和药效学评价。

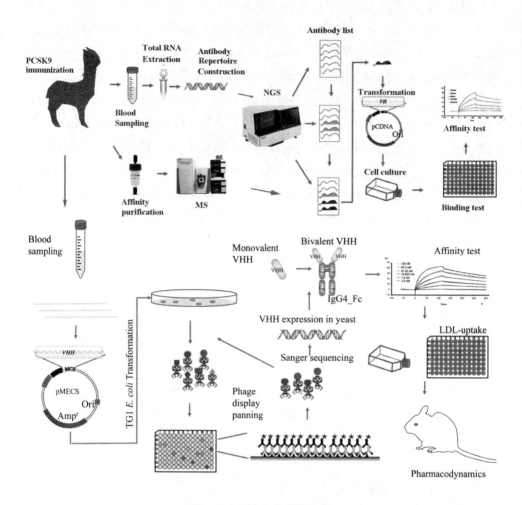

图 1.3 本研究的技术路线图

第2章　基于免疫组库分析技术筛选抗体的方法学验证

2.1　概述

人细胞角蛋白 18（cytokeratin 18，简称 CK18），相对分子质量约 45 ku，在多种肿瘤组织中高表达，是临床诊断上常用于免疫组织化学染色的一种肿瘤标记物。考虑到小型动物的便利性以及预实验可行性，我们选取小鼠作为免疫动物，来筛选、表达和评价抗 CK18 单克隆抗体，目的是验证基于 NGS 和抗体组库分析发现抗体这一技术在方法学上的可行性。

2.2　实验材料

动物：6～8 周周龄的无特定病原体（specific pathogen free，简称 SPF）的雄性 BALB/C 小鼠，购于扬州大学比较医学中心。表 2.1 是本章实验所用到的试剂，表 2.2 是本章实验所用到的实验材料，表 2.3 是本章实验所用到的仪器设备。

表 2.1　本章实验所用试剂

序号	名称	货号	来源
1	重组人细胞角蛋白 18	无	受赠于北京华大蛋白公司
2	弗氏完全佐剂	F5881-10ML	购于美国 Sigma-Aldrich 公司
3	弗氏不完全佐剂	F5506-10ML	购于美国 Sigma-Aldrich 公司
4	1×PBS（磷酸盐缓冲溶液）	10010-031	购于美国 Gibco 公司
5	牛血清白蛋白 BSA	A600332-0005	购于加拿大 BBI 公司
6	吐温－20（Tween-20）	A100777-0500	购于加拿大 BBI 公司

续表

序号	名称	货号	来源
7	鼠抗 6×His IgG 二抗	ab202004	购于英国 Abcam 公司
8	显色剂	ab171522	购于英国 Abcam 公司
9	终止显色液	ab171529	购于英国 Abcam 公司
10	10 × PNK buffer	B9040L-40	购于美国 ENZYMATICS 公司
11	T4 DNA 聚合酶	P708L	购于美国 ENZYMATICS 公司
12	dNTPs（25 mmol/L）	R0193	购于美国 FERMENTAS 公司
13	T4 PNK buffer	M4101	购于美国 PROMEGA 公司
14	Klenow fragment	P7060L	购于美国 ENZYMATICS 公司
15	Pfx 聚合酶	11708-021	购于美国 Invitrogen 公司
16	氨苄青霉素钠	A100339-0005	购上海生工生物公司
17	IPTG 异丙醇 - D - 硫代半乳糖苷	A600168-0005	购于上海生工生物公司
18	BL21 大肠杆菌感受态细胞	CB105-02	购于于北京天根生化公司
19	哺乳细胞表达载体 pFUSE-mIgG1-Fc1	pfuse-mg1fc1	购于美国 InvivoGen 生物公司
20	DMEM 培养基	c11885500bt	购于美国 Gibco 公司
21	兔抗小鼠 IgG Fc 二抗	31194	购于美国 Thermo 公司

注：1×PBST 缓冲溶液配制方法：在 1×PBS 溶液中加入 0.05 % 的吐温 - 20。

表 2.2　本章实验所用材料

序号	名称	货号	来源
1	Nunc™ MaxiSorp™ ELISA 板	423501	购于美国 Biolegend 公司
2	5 mL 一次性注射器	国械注准 20153151515	购于山东新华公司
3	50 mL 离心管	352070	购于美国 BD 医疗公司
4	10 mL EDTA 抗凝采血管	无	购于温州高德公司
5	一次性静脉采血针	国械注准 20153152149	购于江西富尔康公司

续表

序号	名称	货号	来源
6	Agencourt AMPure XP 核酸纯化试剂盒	A63880	购于美国 Beckmancoulter 公司
7	普通琼脂糖凝胶回收试剂盒	DP209-2	购于北京天根生化科技公司
8	逆转录试剂盒	18374-058	购于美国 Invitrogen 公司
9	PCR 产物回收试剂盒	28106	购于德国 QIAGEN 公司
10	转染试剂盒（ExpiFectamine™ 293 Transfection Kit）	A29129	购于美国 Thermo 公司
11	Protein A chip	29127555	购于美国 GE Healthcare 公司
12	4%～20% 的梯度蛋白胶（SurePAGE，Bis-Tris，10×8，4%～20%，10 wells）	M00655	购于南京金斯瑞公司

表 2.3　本章实验所用设备

序号	名称	型号	来源
1	冷冻离心机	5810R	购于德国 Eppendorf 公司
2	-80 ℃冰箱	DW-HW328	购于合肥中科美菱公司
3	酶标仪	Tecan Infinite M1000 PRO	购于瑞士 Tecan 公司
4	大分子浓度测定仪器	Nanodrop 8000	购于美国赛默飞世尔公司
5	核酸浓度测定仪	Agilent 2100	购于美国安捷伦生物公司
6	恒温混匀仪	Thermomixer Compact	购于德国 Eppendorf 公司
7	蛋白纯化仪器	AKTA-pure 25	购于美国通用电气医疗集团
8	分子间相互作用仪	Biacore T200	购于美国通用电气医疗集团
9	PCR 仪器	ABI Veriti 96	购于美国 Applied Biosystems 公司

2.3　实验方法

2.3.1　动物免疫方案的制定

本研究中，免疫 CK18 抗原的小鼠实验方案通过深圳华大生命科学研究院伦理委员会审核以及批准（伦理批件编号为 FT 15052）；小鼠免疫 CK18 的实验一共免疫 6 只小鼠，它们依次被标记为 CK18-1～6。每只小鼠用 50 μg 重组人 CK18 抗原（溶解在 250 μL 1×PBS 磷酸盐缓冲溶液）与等体积的佐剂乳化均匀，通过皮下注射的方式进行三轮免疫，每隔一个月免疫一次（具体为第 1 天、第 31 天以及第 61 天），乳化抗原第一次使用的是弗氏完全佐剂，第二次和第三次均使用的是弗氏不完全佐剂。其中值得注意的是，抗原充分乳化的标准是将乳化后的抗原佐剂混合物滴在水面上 5～10 min 后仍能聚团而不散开。

2.3.2　动物免疫及样本处理

在小鼠免疫前经眼眶采血，作为免疫前阴性对照。在小鼠免疫后两周（即第 75 天）时，经眼眶采血约 1 mL 作为免疫后对照，血浆分离方法如下所述。在室温下，2 000 r/min 离心 15 min 后，上层即为血浆；然后将所有的老鼠放血处死，分离脾脏后加入液氮速冻，将脾脏研磨均匀，加入约 0.5 mL Trizol 充分混匀，裂解细胞，可选择冻存在 −80 ℃，待提取总 RNA（Total RNA）。

总 RNA 提取的步骤如下所述。取一份冻存的淋巴细胞（约 $1×10^6$ 个，已用 Trizol 裂解），混匀后室温静置 10 min，加入 0.1 mL 氯仿，剧烈振荡，室温静置，待溶液分层，12 000 r/min 离心 10 min，收集上层水相，加入等体积（约 0.25 mL）的异丙醇，混匀后冰上静置 30 min，待核酸沉淀，12 000 r/min 离心 10 min，弃上清液，RNA 沉淀加入 1 mL 的 75% 乙醇（DEPC 水配制）进行洗涤，12 000 r/min 离心 10 min，高速离心去除上清液，控干水分后，RNA 用无核酸酶的水溶解，分别取 1 μL 用于安捷伦 2100 测定浓度和 RNA 完整性（RNA integrity number，简称 RIN 值），剩余 RNA 样本置于 −80 ℃ 冰箱保存。

2.3.3　ELISA 测定效价

首先是抗原包被，取适量重组人 CK18 抗原，用 100 mmol/L $NaHCO_3$ 溶液稀释成 1 μg/mL，加入 ELISA 板，100 μL 每孔，4 ℃ 孵育过夜。第二天，取 ELISA 板，弃掉液体，用 0.5% 1×PBST 溶液洗涤，200 μL 每孔，洗涤 5 次。其次是 BSA 封闭，每孔加入 200 μL 3% BSA 溶液，室温孵育 2 h；0.5% 1×PBST 洗涤 5 次，每次 200 μL 每孔。加入梯度稀释的免疫前及免疫后血浆，100 μL 每孔，室温放置 1 h；每孔加入 200 μL 0.5% 1×PBST 洗涤 5～7 次，然后加入 3 000 倍稀释的辣根过氧化物酶（horseradish peroxidase，简称 HRP）标记的 Mouse Anti-6×His IgG，100 μL 每孔，室温放置 1 h；每孔加入 200 μL 0.5% 1×PBST，洗涤 5 次，

加入 100 μL 四甲基联苯胺（3，3′，5，5′-Tetramethylbenzidine，简称 TMB）显色剂，室温避光放置 10 min，加入等体积终止液 1 mol/L 浓硫酸终止反应，酶标仪读取 450 nm 处吸光值，读取小鼠血浆样本在免疫前后的效价。

2.3.4　小鼠 cDNA 合成

取 20 μg RNA，按照 cDNA 5′- 末端扩增（rapid amplification of 5′-end of the cDNA，简称 5′-RACE）试剂盒说明书所述的相关实验流程进行逆转录生成 cDNA，逆转录引物采用 N6（5′-NNNNNN-3′，N 代表 ATCG 任意碱基，由北京六合华大公司合成）随机引物，合成 cDNA 在 -20 ℃ 冻存。cDNA 合成体系 1 如表 2.4 所示。

表 2.4　cDNA 合成体系 1

组分	量
Total RNA	20 μg
随机引物 N6（1 μg/μL）	5 μL
dNTP mix （10 mmol/L）	5 μL
DEPC-H$_2$O	补足至 60 μL

孵育条件：65 ℃，孵育 5 min，迅速放置冰上冷浴，并在合成体系 1（Mix1）中加入以下试剂——合成体系 2（Mix2），如表 2.5 所示。

表 2.5　cDNA 合成体系 2

组分	量
Mix1	60 μL
5 × First-strand buffer	20 μL
0.1 mom/L DTT	10 μL
RNAnase OUT（40 U/μL）	5 μL
SSII	5 μL

将混合物放置于 PCR 仪中，设置反应条件为 25 ℃，10 min，42 ℃，60 min，70 ℃，15 min，反应完成后 cDNA 放置于 -20 ℃ 冻存。以下是在 cDNA 的 3′ 末端加 C，以便于加上上游锚定引物（abridged anchor primer，简称 AAP），表 2.6 为 cDNA 的 3′ 末端加 C 体系。

表 2.6　cDNA 的 3′ 末端加 C 体系

组分	量
DEPC-H$_2$O	6.5 μL
5×tailing buffer	5 μL
2 mmol/L dCTP	2.5 μL
cDNA	10 μL

将混合物放置 PCR 仪器中，设置 94 ℃，反应 2 ～ 3 min，立马放在冰上 1 min，然后向体系中加入 1 μL 脱氧核苷酸末端转移酶（terminal deoxynucleotidyl transferase，简称 TdT），混匀后，37 ℃反应 10 min，然后 65 ℃灭活 10 min。

2.3.5　小鼠抗体重链免疫组库（IGH）的构建

cDNA 末端加 C 以后，以上述 cDNA 为模板，采用 PCR 法扩增获得小鼠抗体重链的可变区（the variable region of the immunoglobulin heavy chain，简称 IGHV）免疫组库，表 2.7 为扩增所用引物名称及序列。表 2.8 为第一轮 PCR 反应体系，其中将 IgG1/2-primer、IgG3-primer 和 IgM primer 等浓度混合成 IGHC primer mix，AAP 为上游锚定引物。

表 2.7　构建小鼠 IGH 免疫组库使用的引物名称及序列

引物名称	序列（5′→3′）
IgG1/2-primer	CAGGGGCCAGTGGATAGA
IgG3-primer	CAGATGGGGCTGTTGTTGTA
IgM-primer	AAGACATTTGGGAAGGACTGA
AAP	GGCCACGCGTCGACTAGTACGGGIIGGGIIGGGIG

注：I 指的是次黄嘌呤核苷酸（hypoxanthine nucleotide，IMP）。

表 2.8　第一轮 PCR 反应体系

组分	体积
cDNA	2 μL
2 × KAPA Master mix	25 μL
AAP（10 μmol/L）	1.5 μL

续表

组分	体积
IGHC primer mix（10 μmol/L）	1.5 μL
NFH$_2$O	补足至 50 μL

将混合物放置于 PCR 仪中，反应条件设置为：95 ℃，5 min；[94 ℃，45 s；56 ℃，45 s；72 ℃，45 s]，扩增 25 个循坏；72 ℃，5 min。

琼脂糖凝胶切胶回收纯化 PCR 产物：配制 1.5% 的琼脂糖凝胶电泳胶，回收 PCR 产物中处于约 500 bp 附近的条带，这部分区域的条带对应的即是小鼠的抗体重链的条带。具体步骤可以参考供应商的说明书（北京天根生化科技公司，普通琼脂糖凝胶回收试剂盒，货号 DP209-2）。

2.3.6　小鼠测序上机文库的构建

取上述小鼠抗体重链的免疫组库（IGH）来进行测序文库的构建，总的来说分为 PCR 产物的末端修复、磁珠纯化、DNA 末端加 A 和 DNA 末端加测序接头等步骤。下面分别阐述，首先是按表 2.9 配制 PCR 产物末端修复体系。

表 2.9　PCR 产物末端修复体系

组分	用量
第二轮 PCR 纯化产物	30 μL（约 500 ng）
10×PNK buffer	5 μL
dNTPs（25 mmol/L）	0.4 μL
T4 PNK	0.5 μL
T4 DNA 聚合酶	0.5 μL
Klenow fragment	0.5 μL
NFH$_2$O	补水至 50 μL

设置酶反应温度为 20 ℃，反应时间为 30 min。以下是反应产物的磁珠纯化步骤：将 PCR 反应混合物转移至 1 个 1.5 mL 离心管中，用 Ampure XP 磁珠纯化扩增后的样品，先取出 4 ℃ 保存的 Ampure XP Beads，室温放置 30 min 平衡；使用前振荡均匀，按照样品体积 1.5 倍体积加入磁珠（75 μL）并混匀，静置 5 min，瞬时离心 3 s。将 1.5 mL 离心管转移放置在磁力架上，静置 3 ~ 5 min

至澄清；小心吸去上清液，不要触及磁珠（1.5 mL 离心管放在磁力架上）；加入 500 μL 70% 乙醇，轻轻吹打磁珠 2～3 次，等待 30 s，弃上清液（加入乙醇时应缓缓加入，尽量不要让液体往磁珠方向添加，否则会使磁珠脱离管体而损耗）；重复洗涤一次，尽量去除上清液（此步不需要吹打磁珠）。置恒温混匀仪 37 ℃干燥 1～2 min，磁珠表面没有水分即可，仔细观察磁珠情况，避免磁珠干裂之后再持续加热，持续加热有使磁珠崩离加样孔的潜在风险，造成损失和样品间污染。往 1.5 mL 离心管中加入 34 μL NFH$_2$O，充分混匀，静置 5 min，然后置于磁力架约 5 min 至澄清。将 34 μL 澄清液转移至事先准备好的新 1.5 mL 离心管中，转管时需要特别注意转移至对应管中，避免出错。

接下来是 DNA 产物末端加 A 的反应体系，按表 2.10 配制。

表 2.10　DNA 产物末端加 A 的反应体系

组分	用量
上一步 DNA 产物	34 μL
10 × Blue buffer	5 μL
dATP（1 mmol/L）	10 μL
Klenow 酶（3′ to 5′ exo）	1 μL

设置酶反应温度为 37 ℃，反应时间为 30 min。以下是反应产物的磁珠纯化步骤：将 PCR 反应混合物转移至 1 个 1.5 mL 离心管中，用 Ampure XP 磁珠纯化扩增后的样品。首先取出 4 ℃保存的 Ampure XP Beads，室温放置 30 min 平衡；使用前振荡均匀，按照样品体积 1.8 倍体积加入磁珠（90 μL）并混匀，静置 5 min，瞬时离心 3 s。接下来步骤同上，最后将 22 μL 澄清液转移至事先准备好的新 1.5 mL 离心管中，转管时需要特别注意转移至对应管中，避免出错。

接下来按表 2.11 配制加双末端（pair-end，简称 PE）测序接头的反应体系，其中 PE 接头引物（PE index adapter）序列如下，P1：5′-ACACTCTTTCCCTACACGACGCTCTTCCGATCT-3′，P2：5′-P- GATCGGAAGAGCGGTTCAGCAGGAATGCCGAG-3′，其中 P 代表磷酸化修饰。

设置酶反应温度为 20 ℃，反应时间为 15 min。以下是反应产物的磁珠纯化步骤：将 PCR 反应混合物转移至 1 个 1.5 mL 离心管中，用 Ampure XP 磁珠纯化扩增后的样品，先取出 4 ℃保存的 Ampure XP Beads，室温放置 30 min 平衡；使用前振荡均匀，按照样品体积 1.5 倍体积加入磁珠（75 μL）并混匀，静置 5 min，瞬时离心 3 s。接下来步骤同上，最后往 1.5 mL 离心管中加入 33.4 μL NFH$_2$O，充分混匀，静置 5 min，然后置于磁力架约 5 min 至澄清。将 33.4 μL 澄清液转移至事先准备好的新 1.5 mL 离心管中（转管时需要特别注意转移至对应管中，避免出错）。接下来按表 2.12 配制 PCR 反应体系，，其中 P1 公用引物的序列为：5′-AATGATACGGCGACCACCGAGATCTACACTCTTTCCCTACACGACGCTCTTCCGATCT-3′，而 index 引物序列如下（XXXXXX 代表 index，用于区分样本）：5′-CAAGCAGAAGACGGCATACGAGATXXXXXXGTGACTGGAGTTCAGACGTGTGCTCTTCCGATCT-3′。

表 2.11　加 PE 测序接头的反应体系

反应试剂	用量
加 A 后 DNA 产物	22 μL
2×Rapid ligation buffer	25 μL
PE Index Adapter（20 μmol/L）	1 μL
T4 DNA ligase	2 μL

表 2.12　加测序接头的 PCR 反应体系

反应试剂	用量
上一步 DNA 产物	33.4 μL
MgSO$_4$（50 mmol/L）	2 μL
10×Pfx buffer	5 μL
dNTP（25 mmol/L）	0.8 μL
Platinum Pfx DNA polymerase	0.8 μL
P1 公共引物（10 μmol/L）	4 μL
Index primer（10 μmol/L）	4 μL

设置以下 PCR 的反应条件：94 ℃，2 min；[94 ℃，20 s；62 ℃，40 s；72 ℃，50 s；共扩增 10 个循坏]；72 ℃，10 min；12 ℃，∞。

以下是反应产物的磁珠纯化步骤：将 PCR 反应混合物转移至 1 个 1.5 mL 离心管中，用 AMPure XP beads 纯化扩增后的样品，先取出 4 ℃保存的 Ampure

XP beads，室温放置 30 min 平衡；使用前振荡均匀，按照样品体积 1 倍体积加入磁珠（50 μL）并混匀，静置 5 min，瞬时离心 3 s。接下来步骤同上，最后往 1.5 mL 离心管中加入 15 μL NFH₂O，充分混匀，静置 5 min，然后置于磁力架约 5 min 至澄清。将 15 μL 澄清液转移至事先准备好的新 1.5 mL 离心管中，该纯化步骤重复一次，产物冷冻在 −20 ℃ 环境中准备上机。

2.3.7　小鼠抗体 IGH 免疫组库上机测序

在上机前，首先使用核酸浓度测定仪器——Agilent 2100 对 DNA 文库产物的浓度进行准确测定。文库测序平台采用的是 Illumina 的 Miseq，按照 PE300 测序策略，要求每文库测序获得 3 Gbp 的数据量。为得到较高的测序质量，在上机前，需要在免疫组库测序文库中按质量比掺入至少 30% 的 ATCG 四碱基平衡文库（如全基因组文库）。

2.3.8　小鼠抗体 IGH 免疫组库数据分析和抗体筛选

首先使用 FastQC 软件（http://www.bioinformatics.babraham.ac.uk/projects/fastqc/）检查下机数据的质量，接下来使用深圳华大生命科学研究院自主研发的 SOAPnuke 软件对数据进行过滤，具体步骤如下。切除接头序列或去除包含接头的 reads（接头污染）；去除未知碱基 N 含量大于 10% 的 reads；去除低质量的 reads，其中我们定义质量值低于 15 的碱基占该 reads 总碱基数的比例大于 50% 的 reads 为低质量数据。过滤后的"clean reads"保存为 FASTQ 格式。在对末次免疫样本 NGS 测序数据进行过滤后，获得了可用于后续分析的 clean data，提取测序报告中反映数据质量的 Q30 值（reads 中错误率小于 1/1000 的碱基数目占比）。使用 COAP 软件拼接双末端测序 reads，获得完整的测序读长。

接下来采用专门用于免疫组库数据分析的 Imonitor 软件，以 IMGT 网站上小鼠（mus musculus）的 IGH 胚系基因（http://www.imgt.org/vquest/refseqh.html）为参考基因，对拼接好的 reads 进行 V 基因和 J 基因比对，以考察测序 reads 是否确实为小鼠的抗体基因以及抗体基因的 VJ 基因使用情况。随后根据抗体 IGH 克隆丰度情况筛选对 CK18 抗原有潜在高亲和力的抗体序列。

2.3.9　用哺乳细胞 HEK293F 表达小鼠抗体

对筛选出来的小鼠抗体序列拟采用哺乳细胞——人胚肾（human embryonic kidney 293F，简称 HEK293F）表达。因为在抗原抗体相互作用过程中，重链起主导作用，所以我们在小鼠预实验中只构建了重链 IGH 免疫组库，只挑选了抗体重链序列，为了表达完整的抗体分子，我们从 NCBI 网站上小鼠抗体胚系基因组序列中出挑选出一个高表达的 IGK 亚型的轻链基因（基因获取编号为 NO. AJ231205）作为重链的配对基因。随后将筛选的重链和轻链的基因按照人类密码子使用偏好性优化后合成出来，直接克隆到 pFUSE-mIgG1-Fc1 表达载体上，待无内毒素质粒大提后转染细胞和表达抗体。

使用经过优化的无血清的 DMEM 培养基来培养 HEK293F 细胞（培养条件设置为 37 ℃，5% CO_2，150 r/min），至细胞生长至对数期后，将筛选到的 IGH 重链表达质粒和 IGK 轻链表达质粒使用 ExpiFectamine™ 293 Transfection Kit 试剂盒等质量比（1∶1）共转染细胞，以期重链、轻链可以正确配对表达出完整的抗体。培养 5 天，用离心机 12 000 r/min，离心 10 min 后收获培养基上清液。在 AKTA 仪器上使用 5 mL 的 Protein G 的亲和纯化柱去纯化培养基上清液的小鼠抗体。

2.3.10　小鼠抗体 SDS-PAGE 胶检测和亲和力评价

2.3.10.1　SDS-PAGE 胶检测

取上一步表达纯化获得的小鼠抗体 60 μL，分为两份，分别加入 5× 蛋白变性和非变性上样溶液混匀，煮沸 10 min，后上样 4% ～ 20% 的蛋白梯度胶，检测抗体的表达量、蛋白纯度和完整性。

2.3.10.2　ELISA 检测结合实验（binding test）

首先是抗原包被，取适量重组人 CK18 抗原，用 100 mmol/L $NaHCO_3$ 溶液稀释成 1 μg/mL，加入 ELISA 板，200 ng 每孔，4 ℃ 孵育过夜。第二天，取 ELISA 板，弃掉液体，用 0.5% 1×PBST 溶液洗涤，200 μL 每孔，洗涤 5 次。其次是 BSA 封闭：每孔加入 200 μL 3% BSA 溶液，37 ℃ 孵育 2 h；随后每孔加入 200 μL 0.5% 的 1×PBST 洗涤 5 次；加入梯度稀释的抗体蛋白，100 μL 每孔，室温放置 1 h；每孔加入 200 μL 0.5% 1×PBST 洗涤 5 ～ 7 次，然后加入 3 000 倍稀释的 HRP 标记的兔抗小鼠 IgG Fc 二抗，37 ℃ 孵育 45 min；每孔加入 200 μL 0.5% 1 × PBST，洗涤 5 次，加入 100 μL TMB 显色剂，室温避光放置 10 min，加入等体积终止液（1 mol/L 的浓硫酸），酶标仪读取 450 nm 处吸光值。

2.3.10.3　亲和力评价

我们采用的是 Protein A 芯片捕获法测定小鼠抗体与 CK18 抗原之间的亲和力，首先将重组的 CK18 抗体用 1×PBST 稀释至 6 μg/mL，设置机器参数以 10 μL/min 的速率进样 25 s，最终达到约 600 RU 的响应值水平。再流过重组 CK18 抗原与之反应达到测定目的，其间设置抗原抗体的结合和解离时间为 240 s 和 300 s；设置反应温度为 Biacore T200 机器默认的 25 ℃，1×PBST 为系统缓冲液，甘氨酸（pH 值为 2.0，100 mmol/L）为再生缓冲液。CK18 抗原溶液自动进样后，流经通道 1 和 2 的表面，在此期间和芯片表面捕获的抗体进行结合和解离，最后由机器内置的评估软件自动给出拟合的的亲和力数值。基于表面等离子共振技术（surface plasmon resonance，简称 SPR）有两种常用方法，图 2.1 是基于 CM5 芯片的直接偶联法和基于 Protein A 芯片的捕获法的原理示意图。

- 直接偶联法
- 将抗原共价偶联于芯片表面
- 常用氨基偶联的方法

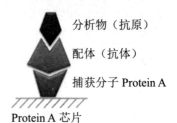

- 捕获的方式
- 将捕获分子共价偶联
- 捕获分子在每个循环中通过亲和作用偶联配体

（a） （b）

图 2.1 基于 SPR 技术的直接偶联法和捕获法的原理图

（a）直接偶联法； （b）捕获法

2.3.11 统计分析方法

本研究采用 Excel 软件和 GraphPad Prism 5 软件对数据资料进行绘图和统计检验分析，对 ELISA 数据采用的是 One-Way ANOVA（单因素方差）分析，认定 $P < 0.05$ 具有显著性意义（其中用 * 表示 $P < 0.05$，用 ** 表示 $P < 0.01$，用 *** 表示 $P < 0.001$，用 ns 表示 no significant，即无显著差异，后文同）。

2.4 实验结果

2.4.1 总 RNA 的提取和血清转阳测试

小鼠脾脏总 RNA 的提取：从六只小鼠的脾脏中提取总 RNA 后分别检测，浓度和质量见表 2.13。从表 2.13 中可见，小鼠总 RNA 的浓度均＞ 3 µg/µL，质量值（RIN值）均≥ 7.6，28S/18S 均≥ 1.4，质量合格，完整性见图 2.2，可以用于下一步的 IGH 免疫组库建库。此外，对小鼠末次免疫后的血清中针对 CK18 的抗体效价做了间接 ELISA 效价检测，血清效价均超过 1 : 250000（数据未展示），效价水平均可以用于进一步的抗体筛选。

表 2.13　小鼠总 RNA 质量检测

小鼠 RNA 样本	总量 /µg	浓度 /（µg·µL⁻¹）	RIN 值	28S/18S
CK18-1	212.75	4.255	8.3	1.6
CK18-2	224	4.480	8.4	1.5
CK18-3	254.25	5.085	8.2	1.6
CK18-4	189.75	3.795	7.7	1.4
CK18-5	165.5	3.310	8.1	1.4
CK18-6	253	5.060	7.6	1.6

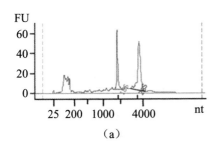

（a）

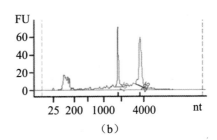

（b）

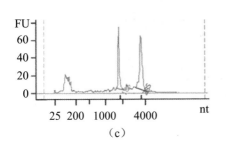

（c）

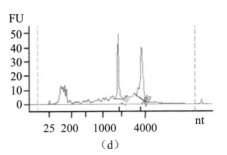

（d）

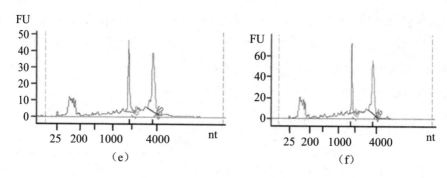

图 2.2　小鼠总 RNA 完整性检测

（a）CK18-1；（b）CK18-2；（c）CK18-3；（d）CK18-4；（e）CK18-5；（f）CK18-6

注：横坐标为核酸的长度，以核苷酸（nt）数目来计算；纵坐标为荧光强度（FU），代表核酸浓度。图中的峰代表的是核酸的条带位置（三个峰从左到右依次对应 5S、18S 和 28S）。

2.4.2　小鼠抗体重链（IGH）免疫组库 PCR 扩增

以小鼠总 RNA 逆转录得来的 cDNA 为起始模板，以上游锚定引物 AAP 和 IgHC mix 为引物，扩增得到的小鼠抗体免疫组库的 PCR 产物，如图 2.3 所示，均能够扩增得到约处于 500 bp 的抗体条带。接着，以 PCR 产物起始构建的上机文库，进行 Qubit 质检和浓度测定，文库合格后交与上机组准备，按 PE300 的测序策略 Miseq 上机。

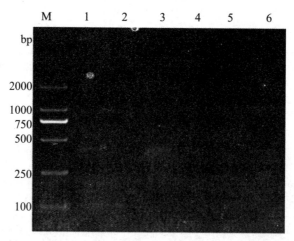

图 2.3　小鼠抗体重链（IGH）免疫组库 PCR 扩增产物

注：M 为 DL2000 的分子量标准 Marker；1~6 为 CK18-1～6 六只小鼠免疫组库建库产物。

2.4.3　下机数据情况统计

将小鼠 IGH 免疫组库 NGS 测序数据运用 Imonitor 软件流程进行分析和比对。基本流程是：首先使用 FastQC 流程（http://www.bioinformatics.babraham.ac.uk/projects/fastqc/）检查下机数据的质量，接下来使用 SOAPnuke 软件对数据进行过滤。将过滤后的 clean reads 保存为 FASTQ 格式，接下来使用 COAP 流程将双末端测序数据拼接成完整的读长 reads，得到的 clean data 用于数据比对和克隆组装分析，继而对每条克隆序列进行 Ig-blast 分析，提取抗体组库中不同克隆的 CDR3，给出其长度和丰度等信息。表 2.14 是下机数据情况分析统计表。

表 2.14　小鼠 IGH 免疫组库测序下机数据

样本名称	下机数据量/bp	过滤后数据比例 /%	双端 reads拼接率 /%	V 基因比对率/%	J 基因比对率/%	有效数据量/bp
CK18-1	1 249 731	46.19%	49.77%	91.50%	90.43%	257 364
CK18-2	947 778	65.07%	59.73%	94.97%	94.25%	344 944
CK18-3	1 070 715	96.07%	30.30%	66.40%	71.00%	205 351
CK18-4	984 462	95.93%	45.01%	81.72%	83.48%	334 270
CK18-5	765 046	99.46%	45.03%	85.99%	87.97%	281 912
CK18-6	1 176 811	50.72%	52.10%	92.99%	92.26%	283 780
平均值	1 032 423	75.56%	46.99%	85.60%	86.57%	284 606

2.4.4　小鼠 IGH 免疫组库 CDR3 的分析

2.4.4.1　小鼠 IGH 免疫组库 CDR3 的丰度分析

首先是对 IGH 克隆的 CDR3 的丰度分析（图 2.4），将每种 CDR3 在免疫组库中的丰度按照比例高低划分为四组，排名第 1～100 的为一组，标记为蓝色；排名第 101～1 000 的为一组标记为橘黄色；排名 1 001～10 000 的为一组标记为灰色，排名第 10 000 以后的为一组标记为黄色。CK18-1～6 分别为六只小鼠组别的样本代号。从图 2.4(a) 至 (f) 中可见，丰度排在前 100 位的 CDR3 占据绝大部分的比例（≥ 47%），表现出很强的收敛性。

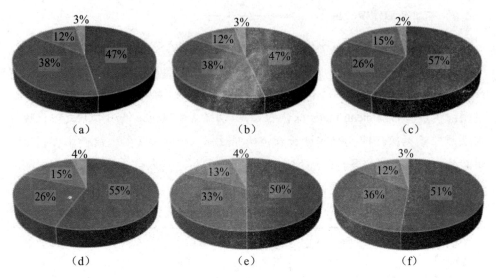

图 2.4 小鼠 IGH 免疫组库 CDR3 的丰度分析

（a）CK18-1；（b）CK18-2；（c）CK18-3；（d）CK18-4；（e）CK18-5；（f）CK18-6

2.4.4.2 小鼠 IGH 免疫组库 CDR3 的共有情况分析

对六只小鼠中第 1～100 的 CDR3 中的克隆共有情况进行了一些分析，结果发现：没有共有克隆（即 0 条）在六只小鼠免疫组库 CDR3 数据中同时存在；共有 4 条 CDR3 在不同的四只小鼠中都存在；共有 11 条 CDR3 在不同的三只小鼠中都存在；共有 45 条 CDR3 在不同的两只小鼠中都存在。如图 2.5 所示，六只小鼠的 IGH 免疫组库之间的高丰度 CDR3 的相关性一般。

2.4.4.3 小鼠 IGH 免疫组库 CDR3 的长度分析

我们对 CDR3 的核苷酸长度和每种长度的 CDR3 的丰度做了一些统计，如图 2.6 所示，在 CK18-1 小鼠 IGH 样本中，CDR3 的长度最长为 36 个核苷酸，占比 24.54%；而同时在 CK18-2、CK18-4、CK18-5 小鼠样本中，CDR3 长度最长都为 45 个核苷酸，分别占比 21.56%、36.75% 和 27.22%；对于 CK18-3 小鼠样本，CDR3 长度最长为 42 个核苷酸，占比 17.63%；而在 CK18-6 小鼠样本中，CDR3 长度最长为 39 个核苷酸，占比 24.50%。以往有文献报道，未经免疫的小鼠 CDR3 长度最长为 36 个核苷酸，占比 15.8%。随后我们对每只小鼠数据中最高丰度的 CDR3 做了一个统计，如图 2.7 所示，CK18-4 小鼠最高丰度的 CDR3 所占比例最高，达到 13.38%。这说明，CK18 抗原蛋白的免疫可能会刺激 IGH

克隆的 CDR3 长度增长 1 ~ 3 个氨基酸（3 ~ 9 个核苷酸），以及最长 CDR3 的丰度比例会增高。这可能有利于免疫系统更加自如地应对外界免疫刺激，这也说明，CK18 抗原特异性克隆可能拥有较长的 CDR3 氨基酸长度和较大的丰度。

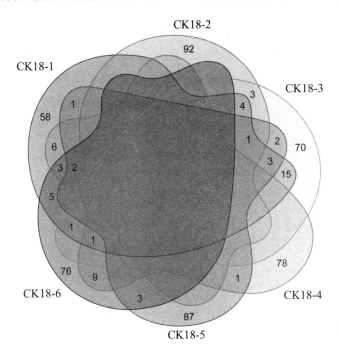

图 2.5　小鼠 IGH 免疫组库第 1 ~ 100 的 CDR3 的共有情况分析

注：图中每种颜色代表每只小鼠 IR 数据的第 1 ~ 100 的 CDR3；数字代表 CDR3 的个数；颜色区域之间的重叠部分代表小鼠之间的共有克隆情况。

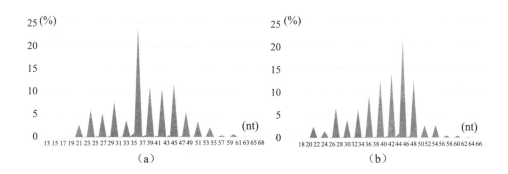

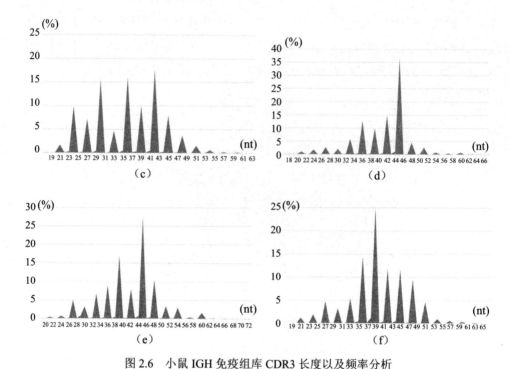

图 2.6　小鼠 IGH 免疫组库 CDR3 长度以及频率分析

（a）CK18-1；（b）CK18-2；（c）CK18-3；（d）CK18-4；（e）CK18-5；（f）CK18-6

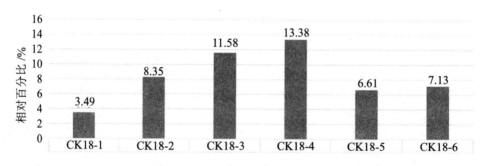

图 2.7　小鼠 IGH 免疫组库中最高丰度的 CDR3 分析

2.4.5　小鼠 IGH 免疫组库 VJ 基因组合使用分析

我们统计分析了六只小鼠免疫组库数据中全部的 IGHVJ 基因组合的数目（IGHVJ combination number），这一指标可以反映生物体应对抗原刺激产生的克隆种类的变化。如图 2.8 所示，CK18-4 小鼠拥有最多 IGHVJ 基因组合，达到 352 种。随后，我们对小鼠 IGH 免疫组库的 VJ 基因使用频率做了一些分析（图 2.9），每个小鼠的免疫组库展示出独特的 VJ 基因组合使用情况，IGHV5-17/IGHJ4 这个 VJ 基因组合（IGHVJ combination）使用频率在第 3 只至第 6 只小鼠各自全部的 VJ 组合中均占比最高（12% ~ 30%），而且在第 2 只小鼠中，这一 VJ 基因组合也处于第二高丰度的位置，这说明 CK18 抗原的免疫刺激导致了抗体克隆的收敛，部分特异性克隆可能也拥有这种 VJ 基因组合特征。

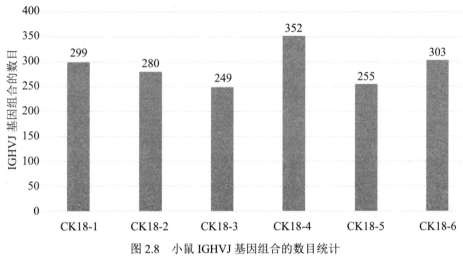

图 2.8　小鼠 IGHVJ 基因组合的数目统计

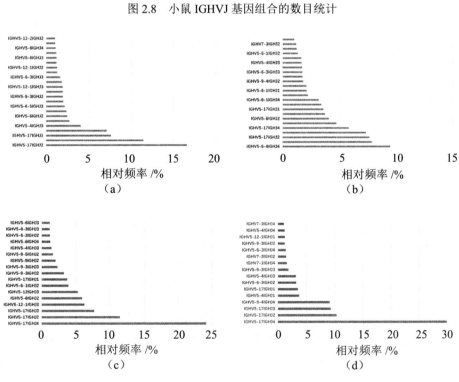

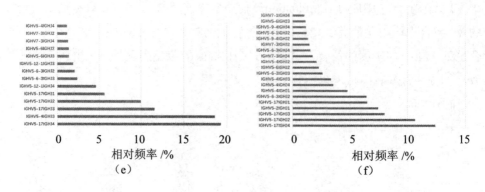

图 2.9 小鼠 IGH 免疫组库 VJ 基因组合频率分析

（a）CK18-1；（b）CK18-2；（c）CK18-3；（d）CK18-4；（e）CK18-5；（f）CK18-6

2.4.6 小鼠抗体 IGH 序列挑选

我们从每个小鼠 IGH 免疫组库数据中选取了一条含有各自最高 VJ 基因组合丰度的 IGH 克隆，通过查阅文献，从 NCBI 网站上筛选出的一条在 BALB/C 小鼠体内高表达的 IGK 胚系基因（基因获取编号为 NO.AJ231205）进行基因合成。抗体重链和轻链的可变区序列信息统计如表 2.15 所示，其中 CDR1 区用红色下划线展示，CDR2 区用蓝色下划线展示，而 CDR3 区用绿色下划线展示。

2.4.7 小鼠抗体的表达、纯化和亲和力的测定

如 2.2 章节所述，六个鼠源抗体均使用的是人哺乳细胞 HEK293F 表达，随后采用 Protein G 亲和纯化柱纯化。如图 2.10 所示，图 (a) 是在变性条件下进行 SDS-PAGE 电泳的结果，小鼠抗体重链条带出现在 55 ku 附近，轻链条带出现在 25 ku 附近；而图 (b) 是非变性条件下的电泳结果，完整的抗体条带出现在约 150 ku 附近。我们可以看到，在 HEK293F 细胞中虽然抗体重链的表达量略高于轻链的表达量，但是从六个小鼠 IGH 免疫组库筛选出的抗体重链基因序列和小鼠 IGK 轻链基因（基因编号为 NO.AJ231205）序列还是可以正常配对并表达出完整抗体的。

我们又验证了六个小鼠抗体与人重组 CK18 抗原的结合能力，ELISA 结果如图 2.10(c) 显示，筛选出的六个小鼠抗体与人重组 CK18 抗原均有一定的结合活性，尤其是从第四只小鼠中筛选到的 CK18-4_Ab 抗体表现出较高的结合活性，在抗体稀释至 25 μg/mL 的时候仍然有较高的 OD450 吸光值，可以用于进一步地准确测定亲和力。

表 2.15　基于高通量测序筛选出的小鼠抗体序列

克隆名称	序列（5'-FR1-CDR1-FR2-CDR2-FR3-CDR3-FR4-3'）	V 基因	J 基因
CK18-1 重链	DVQLVESGGGLVQPGGSRKLSCAAS GFTFSSFG MHWIRQAPEKGLEWVAY ISSGSSTI YYA DTVRGRFTISRDNPKNTLFLQMTSLRSEDTAMYYC ARGVRGYFDY WGQGTTLTVSS	IGHV5-17	IGHJ2
CK18-2 重链	VQMVESGGGLVKPGGSLKLSCAAS GFTFSSYT MSWVRQTPEKRLEWVAT ISSGGSYT YYP DSVKGRFTISRDNAKNTLYLQMSSLKSEDTAMYYCTRGGYGSSYAMDY WGQGTSVTVSS	IGHV5-6-4	IGHJ4
CK18-3 重链	DVQLVESGGGLVQPGGSRKLSCAAS GFAFSSFG MHWVRQAPEKGLEWVAY ISSGSGTI YY ADTVKGRFTISRDNPKNTLFLQMTSLRSEDTAMYYC TRGRTMDY WGQGTSVTVSS	IGHV5-17	IGHJ4
CK18-4 重链	DVQLVESGGGLVQPGGSRKLSCAAS GFTFSSFG MHWVRQAPEKGLEWVAY ISSGSSTI YYA DTVKGRFTISRDNPKNTLFLQMTSLRSEDTAMYYC ASYYRYDYYAMDY WGQGTSVTVSS	IGHV5-17	IGHJ4
CK18-5 重链	DVQLVESGGGLVQPGGSRKLSCAAS GFTFSSFG MHWVRQAPEKGLEWVAY ISSGSSTI YYA DTVKGRFTISRDNPKNTLFLQMTSLRSEDTAMYYC ARKDYGSRDAMDY WGQGTSVTVSS	IGHV5-17	IGHJ4
CK18-6 重链	DVQLVESGGGLVQPGGSRKLSCAAS GFTFSSFG MHWVRQAPEKGLEWVAY ISSGSSTI YYADTVK GRFTISRDNPKNTLFLQMTSLRSEDTAMYYC ARSPIYDGYPYAMDY WGQGTSVTVSS	IGHV5-17	IGHJ4
CK18 轻链	DVLMTQTPLSLPVSLGDQASISCRSS QSIVHSNGNTY LEWYLQKPGQSPKLLIY KVS NRFS GVPDRFSGSGSGTDFTLKISRVEAEDLGVYYC FQGSHVP PWTFGGGTKLEIK	IGKV1-117	IGKJ1

随后我们基于 SPR 技术，利用分子间相互作用仪 Biacore T200，测得 CK18-4_Ab 抗体与其抗原的亲和力为 9.424×10^{-10} mol/L，如图 2.10(d) 所示，即约为 1 nmol/L，在各个稀释度的条件下与 PBS 组和阴性组血清相比均呈现显著性差异（$P < 0.001$）；而其他抗体与抗原的亲和力均大于 1×10^{-7} mol/L。

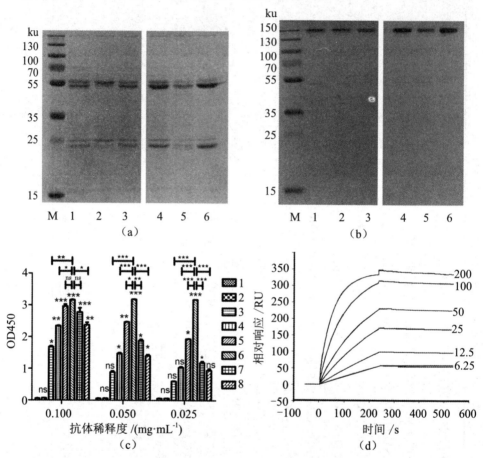

图 2.10　小鼠抗体的表达、纯化和亲和力的测定

（a）六个鼠源抗体在变性条件下进行 SDS-PAGE 的电泳胶图；（b）六个鼠源抗体在非变性条件下进行 SDS-PAGE 的电泳胶图（M：蛋白分子量标准，ku；泳道 1 ~ 6：六个鼠源抗体 CK18-1~6 Abs）；（c）六个鼠源抗体和 CK18 抗原的 ELISA 结果（1—PBS，2—阴性血清，3—CK18-1_Ab，4—CK18-2_Ab，5—CK18-3_Ab，6—CK18-4_Ab，7—CK18-5_Ab，8—CK18-6_Ab）；（d）CK18-4-Ab 和 CK18 抗原之间亲和力测定结果 [不同的曲线代表着不同浓度（nmol/L）的抗原]

2.5　讨论

2.5.1　基于抗体组库分析筛选抗体的方法学验证

基于 NGS 和抗体组库分析的方法筛选抗体序列是最近几年兴起的一种新的发现抗体方法，此种方法可以直接从测序下机数据中通过生物信息的方法快速筛选出抗体序列。从测序上机到筛选出抗体序列，仅需 1～2 周时间，在筛选速度上具有优势，而且在信息筛选初期，无须依赖抗原。为了验证基于 NGS 和抗体组库分析筛选抗体方法的可行性，我们利用了常见的小型模式动物——小鼠作为研究对象，方便免疫、采血和处死取脾脏等操作。在靶点蛋白的选择上，我们选取了在临床诊断上较为常见的一种肿瘤标记物——CK18。最终基于 NGS 和免疫组库分析，我们筛选到多个与 CK18 蛋白可以特异性结合的抗体，其中抗体 CK18-4_Ab 的亲和力较高，约为 1 nmol/L，可以用于下一步临床诊断试剂的研发。NGS 法筛选抗体时至今日仍处于发展当中，虽在本研究中只筛出纳摩尔（nmol/L）级别的特异性抗体，但有文献报道已经可以筛出 0.1 nmol/L 甚至是 10 pmol/L 级别的抗体，NGS 筛选抗体的方法日趋成熟。需要说明的是，基于 NGS 法研发抗体这一方法带有预测性，无法保证每次都可以筛到好的抗体。

2.5.2　抗体免疫组库特征和特异性克隆的相关性

抗原免疫动物后，其抗体免疫组库特征、抗体的特异性以及亲和力是有相关性的，这在以前的文献中是有报道的。这些免疫组库特征包含 IGHVJ 胚系基因使用偏好、CDR3 特征的变化和免疫组库多样性变化等众多方面，这导致二者的相关性可能比较复杂。在本章研究中，小鼠经过 CK18 抗原蛋白免疫后，这些小鼠的免疫组库数据呈现了不同程度的收敛性变化，这些特征变化可以用于评价免疫应答的水平，一般而言，体液免疫应答水平越强，越有利于筛选到收敛性强、有潜在高特异性和高亲和力的抗体序列。从相关性分析的结果（图 2.5）来看，六只小鼠的抗体免疫组库的第 1～100 克隆之间的相关性并不强，不存在六只小鼠共有的所谓的"主导性克隆"（dominant clone），这就需要对每只小鼠的优势克隆进行验证；进一步研究发现，每只小鼠中筛选出的优势克隆抗体的亲和力和其序列在免疫组库中的丰度并不呈线性的正相关关系。举例来讲，筛选到的

CK18-4_Ab 抗体克隆虽然在 CK18-4 小鼠数据中的丰度排名第 1 位，亲和力也最高，但该克隆在 CK18-1 小鼠数据中丰度排名第 6 位，在 CK18-3 小鼠数据中排名第 4 位，亲和力却比后两者中排名第 1 位的抗体要高，由此可见，抗体亲和力与其序列丰度之间存在相关性，但具体的机制需要进一步研究。在之前的研究中也有类似的结果，Sai T. Reddy 等筛选到的高丰度抗体克隆也并不是 100% 全部都有高亲和力（< 10 nmol/L），最高丰度的克隆也不是亲和力最高的。总之，基于抗体组库分析筛选抗体虽然在速度上具有优势，但带有预测性质，在成功率上还有待提高。

2.5.3　抗体重链和轻链的配对研究

由同一个 B 细胞产生的抗体的重链和轻链是天然配对的，它们之间由二硫键等相互桥连形成的四聚体结构更加牢固稳定。在本章研究中，我们没有做抗体重链和轻链的配对研究，这也可能是筛选出有高亲和力抗体偏少的原因之一。目前文献已报道多种获取重链、轻链配对信息的技术，如微液滴包埋法、96 孔板排列组合推断法，然而，无论是用哪种方法去做抗体重链、轻链的配对，都需要较为烦琐复杂的操作步骤，而且花费昂贵，最后能获取的重链、轻链配对信息也较为有限（得到的有效 B 细胞数目较少，仅处于几千个细胞的数量级）。之前有文献报道声称，轻链胚系基因可以和众多抗体的重链形成配对，表达出完整抗体，这也在本章研究中得到证实。也有文献报道，可以通过人工设计出公共轻链（artificial common light chain）去和众多的重链配对表达。这说明，在早期基于 NGS 数据和抗体组库分析法研发抗体的研究中，采用预测重链、轻链配对这一策略是十分简便和有效的，而且成本较低，有一定的可行性。

2.5.4　筛选抗体的新型方法讨论

经过多年的发展，抗体筛选的方法从传统的 Phage display 技术和 Hybridoma 细胞技术，逐渐发展到依靠 NGS 数据去筛选抗体序列，到后来结合 NGS 和 MS 数据筛选抗体序列，再到最近这些年出现的结合 NGS 和 Phage display 技术筛选抗体，以及到目前结合 NGS 和人工智能算法（artificial intelligence，AI）来筛选抗体序列，技术手段不断完善。抗体发现的新型方法的技术原理如下所述。

（1）结合 NGS 和 MS 的方法发现抗体的基本原理，是将同一份外周血样的 B 细胞免疫组库 NGS 数据和从该份血浆中纯化得到的特异性抗体的 MS 数据结合起来分析研究，其主要思路就是以免疫组库数据作为参考，根据 MS 数据鉴定到的抗体独有肽蛋白肽段找出完整抗体序列。

（2）结合 NGS 和 Phage display 的方法发现抗体的基本原理，是将每轮噬菌体筛选得到二级库或者多级库分别进行 NGS，分析在每轮噬菌体筛选过程中是哪些克隆得到富集，这种方法的优点是可以提前获知抗原特异性较高克隆的序列，以及可以避免漏掉一些虽然丰度很低但亲和力较高的克隆。

（3）结合 NGS 和 AI 算法的方法发现抗体的原理，是基于已经公开的 NGS 数据和已经上市或公开的抗体序列，AI 算法可以依据已上市的抗体的亲和力数据和抗体序列甚至是抗体高级结构之间的对应关系，建立有效的训练集，总结特异性抗体以及亲和力较高的抗体的序列特征，以达到直接根据测序数据的序列特征就可以快速精准地找到候选抗体序列的目的。

综上所述，本章研究中基于 NGS 和抗体组库分析的方法筛选抗体有一定的可行性，从结果来看，在以后的实验中我们可以在以下几个方面改善实验设计。

（1）可以做驼类动物的免疫，构建重链抗体免疫组库，因不需要轻链，而不用去考虑重链、轻链配对抗体的影响。

（2）可以联合 MS 鉴定，增加筛选到的抗体的可信度。

（3）如果要做更为准确的免疫组库评价，需设置阴性对照组，即注射 PBS 或者只注射佐剂的小鼠，另外需设置免疫前的对照组。

（4）对于抗体序列筛选，可以在免疫前采血，以及每个免疫时间点采血（中大型动物较合适，小鼠不合适），并分别构建免疫组库和测序，分析每只动物免疫前后的动态的免疫组库变化，对比免疫后的免疫组库变化，以期能更精准地把控免疫组库克隆的收敛性变化特征。需要说明的是，本实验在开展之前，有考虑到在每次免疫时间点采血，然而小鼠体形较小，采血量较少，从血浆中纯化达到的抗体也不足以做 MS 研究，且采血对小鼠健康影响较大，所以在最后杀死小鼠取脾脏来取样建立抗体免疫组库。

第 3 章　新型抗 PCSK9 降血脂抗体的设计和评价

3.1　概述

人枯草溶菌素转化酶前体 9（proprotein convertase subtilisin kexin type 9，简称 PCSK9），相对分子质量约为 73 ku。2003 年研究者发现 PCSK9 是脂代谢途径中除了载脂蛋白和低密度脂蛋白受体（low density lipoprotein receptor，LDLR）之外的一个新的靶点。PCSK9 在体内的水平升高会结合 LDLR，会导致血中 LDL-c 水平升高，进而导致心脑血管疾病发病率的增加。本章将以羊驼为免疫动物，综合运用 NGS 技术、抗体组库分析技术、MS 技术、Phage display 技术和亲和动力学技术研发抗 PCSK9 的新型抗体，并对其进行初步的药效学评价。

3.2　实验材料

动物：羊驼（拉丁学名：*Vicµgna pacos*，英文名：alpaca），雌性，三岁，购买并饲养于深圳绿盟动力实业公司。药物代谢动力学实验用鼠：普通 Sprague-Dawley（SD）大鼠（雄性），200 g 左右，四周龄，SPF 级别，若干只，购买并饲养于南京集萃药康生物公司。药物效应动力学实验用鼠：人 *PCSK9*（*hPCSK9*）转基因 SD 大鼠，雄性，四周龄，若干只，从南京集萃药康生物公司购买并在该公司进行饲养和高血脂诱导。

实验所用试剂、所用材料、所用设备如表 3.1 至表 3.3 所示。

表 3.1　实验所用试剂

序号	名称	型号	来源
1	人 PCSK9（his 标签）	29698-H08H	购于北京义翘神州生物科技公司
2	人 PCSK9（Fc 标签）	29698-H05H	购于北京义翘神州生物科技公司
3	食蟹猴 PCSK9（Fc 标签）	11054-H05H	购于北京义翘神州生物科技公司
4	小鼠 PCSK9（Fc 标签）	50251-H05H	购于北京义翘神州生物科技公司
5	PCSK9-strep	PC9-H528c	购于北京 Acrobiosystems 公司
6	弗氏完全佐剂	F5881-10ML	购于美国 Sigma-Aldrich 公司
7	弗氏不完全佐剂	F5506-10ML	购于美国 Sigma-Aldrich 公司
8	Ficoll-paque plus 淋巴细胞分离液	45-001-749	购于美国 GE Healthcare 公司
9	1×PBS 磷酸盐缓冲溶液	10010-031	购于美国 Gibco 公司
10	吐温－20（Tween-20）	A100777-0500	购于加拿大 BBI 公司
11	KH_2PO_4	1002048-01-09	购于广东西陇化工公司
12	K_2HPO_4	1002049-01-09	购于广东西陇化工公司
13	鼠抗 6×His IgG 二抗	ab202004	购于美国 Abcam 公司
14	兔抗小鼠 IgG Fc 二抗	31194	购于美国 Thermo 公司
15	TMB 显色剂	ab171522	购于美国 Abcam 公司
16	终止显色液	ab171529	购于美国 Abcam 公司
17	10×PNK buffer	B9040L-40	购于美国 ENZYMATICS 公司
18	T4 DNA 聚合酶	P708L	购于美国 ENZYMATICS 公司
19	dNTPs（25 mmol/L）	R0193	购于美国 FERMENTAS 公司
20	T4 PNK buffer	M4101	购于美国 PROMEGA 公司
21	Klenow fragment	P7060L	购于美国 ENZYMATICS 公司
22	Pfx 聚合酶	11708-021	购于美国 Invitrogen 公司
23	氨苄青霉素钠	A100339-0005	购于上海生工生物公司
24	IPTG 异丙醇－D－硫代半乳糖苷	A600168-0005	购于上海生工生物公司
25	BL21 大肠杆菌感受态细胞	CB105-02	购于北京天根生化公司

续表

序号	名称	型号	来源
26	DMEM 培养基	c11885500bt	购于美国 GIBCO 公司
27	羊抗小鼠 IgG Fc 二抗	31168	购于美国 Thermo 公司
28	KAPA2G Robust Hot start Ready mix	KK5702	购于美国 KAPA 公司
29	200 bp DNA Ladder	MD115	购于北京天根生化公司
30	DL2000 DNA marker	MD114	购于北京天根生化公司
31	甘氨酸（pH 值为 2.0，100 mmol/L）	1003-55	购于美国 GE Healthcare 公司
32	pMECS 表达载体	—	受赠于比利时布鲁塞尔自由大学 Serge Muyldermans 教授
33	SOC 培养基	15544034	购于美国 Invitrogen 公司
34	TG1 感受态细胞	60502-2	购于美国 LUCIGEN 公司
35	三乙醇胺	T103285	购于上海阿拉丁试剂公司
36	M13K07 辅助噬菌体	N0315S	购于美国 NEB 公司
37	无水乙醇（分析纯）	72188-01	购于广东西陇化工公司
38	异丙醇	CAS：67-63-0	购于美国默克公司
40	*Not* I 限制性内切酶	R0189S	购于美国 NEB 公司
41	*Pst* I 限制性内切酶	R0140L	购于美国 NEB 公司
42	T4 连接酶	M0202V	购于美国 NEB 公司
43	酵母基础氮源培养基（YNB）	Y8040-100g	购于北京 SOLARBIO 公司
44	酵母提取物	LP0021	购于英国 OXOID 公司
45	蛋白胨	LP0042	购于英国 OXOID 公司
46	琼脂粉	A100637-0500	购于上海生工生物公司
47	葡萄糖	A600219-0001	购于上海生工生物公司
48	山梨醇	A610491-0500	购于上海生工生物公司
49	博来霉素	eocin	购于 Thermo 公司
50	硫酸铵	A100191-0500	购于加拿大 BBI 公司

续表

序号	名称	型号	来源
51	醋酸钠（pH 值为 5.0，10 mmol/L）	BR100351	购于美国 GE Healthcare 公司
52	20×PBS 溶液	B548117-0500	购于上海生工生物公司
53	Repatha（Evolocumab）	CAS#1256937-27-5	购于美国 Amgen 公司
54	牛血清白蛋白（BSA）	A600332-0005	购于加拿大 BBI 公司
55	LDL-BODIPY	L3483	购于美国 Invitrogen 公司
56	杜尔贝科磷酸盐缓冲液（DPBS）	C14190500BT	购于美国 GIBCO 公司
57	$NaH_2PO_4 \cdot H_2O$	30412	购于美国 SIGMA 公司
58	$Na_2HPO_4 \cdot 12H_2O$	V900268-500G	购于美国 SIGMA 公司
59	咪唑	56750-500G	购于美国 SIGMA 公司

表 3.1 中部分培养基和试剂的配制方法如下。

10×甘油（0.22 μmol/L 过滤除菌）：900 mL 水加入 100 mL 甘油。

10×1 mol/L 磷酸钾（0.22 μmol/L 过滤除菌）：132 mL 1 mol/L 的 K_2HPO_4，868 mL 1 mol/L 的 KH_2PO_4，调整 pH 值为 6.0±0.1（如果需调 pH 值，用磷酸或 KOH）。

500×生物素（0.22 μmol/L 过滤除菌）：溶解 20 mg 生物素于 100 mL 水中，过滤除菌，置于 4 ℃，生物素购于上海生工生物公司。

10×YNB（0.22 μmol/L 过滤除菌）：用 34 g YNB（不含硫酸铵、氨基酸），100 g 硫酸铵进行配制，可放 1 年，注意毕赤酵母在高浓度 YNB 下生长更好。

YPD 培养基（固体和液体）配方：溶解 10 g 酵母提取物、20 g 蛋白胨于 900 mL 水中，如制平板加入 20 g 琼脂粉，高压 20 min，加入 100 mL 10×葡萄糖（货号 A600219-0001）。

BMMY 培养基和 BMGY 培养基：溶解 10 g 酵母浸出物、20 g 蛋白胨于 700 mL 水中，灭菌 20 min，冷至室温。加入下列混合液：100 mL 1 mol/L 的磷酸钾缓冲液 pH 值为 6.0，100 mL 10×YNB，2 mL 500×生物素，100 mL 10×甘油，制 BMMY 时，加入 100 mL 10×甲醇取代 10×甘油，存于 4 ℃，可放 2 个月。

10×甲醇（5% 甲醇）：混合 50 mL 甲醇与 950 mL 水，过滤除菌存于 4 ℃

可放两个月。

磷酸盐缓冲液 A 配方：16.2 mmol/L 的 $Na_2HPO_4 \cdot 12H_2O$，3.8 mmol/L 的 $NaH_2PO_4 \cdot H_2O$，300 mmol/L 的氯化钠，10 mmol/L 的咪唑，5% 甘油，调整 pH 值至 7.4，简称为亲和 A 溶液。

磷酸盐缓冲液 B 配方：16.2 mmol/L 的 $Na_2HPO_4 \cdot 12H_2O$，3.8 mmol/L 的 $NaH_2PO_4 \cdot H_2O$，300 mmol/L 的氯化钠，500 mmol/L 的咪唑，5% 甘油，调整 pH 值至 7.4，简称为亲和 B 溶液。

X33 型毕赤酵母菌株和 pPICZα 表达载体：由深圳华大生命科学研究院生物化学研究所馈赠。

TES 裂解液：0.2 mol/L 的 Tris-HCl（pH 值为 8.0），0.5 mmol/L 的 EDTA，0.5 mol/L 的蔗糖。

表 3.2　实验所用材料

序号	名称	货号	来源
1	Nunc™ MaxiSorp™ ELISA 板	423501	购于 BIOLEGEND 公司
2	5 mL 一次性注射器	国械注准 20153151515	购于山东新华公司
3	50 mL 离心管	352070	购于美国 BD 医疗公司
4	10 mL EDTA 抗凝采血管	—	购于温州高德公司
5	一次性静脉采血针	国械注准 20153152149	购于江西富尔康公司
6	Agencourt AMPure XP - 核酸纯化试剂盒	A63880	购于美国 Beckmancoulter 公司
7	普通琼脂糖凝胶回收试剂盒	DP209-2	购于北京天根生化科技公司
8	逆转录试剂盒（5′ RACE）	18374-058	购于美国 Invitrogen 公司
9	PCR 产物回收试剂盒	28106	购于德国 QIAGEN 公司
10	转染试剂盒（ExpiFectamine™ 293 Transfection Kit）	A29129	购于美国 Thermo 公司
11	Protein A chip	29127555	购于美国 GE Healthcare 公司
12	CM5 chip	29104988	购于美国 GE Healthcare 公司
13	4% ~ 20% 的梯度蛋白胶（SurePAGE，Bis-Tris，10×8，4% ~ 20%，10 wells）	M00655	购于南京金斯瑞公司

续表

序号	名称	货号	来源
14	溴化氰活化的琼脂糖凝胶 4B	17-0430-01	购于美国 GE Healthcare 公司
15	Histrap FF 蛋白纯化镍柱	17531901	购于美国 GE Healthcare 公司
16	电击杯（规格 0.2 cm）	165-2086	购于美国 Biored 公司

表 3.3　实验所用设备

序号	名称	型号	来源
1	冷冻离心机	5810R	购于德国 Eppendorf 公司
2	−80 ℃冰箱	DW-HW328	购于合肥中科美菱公司
3	酶标仪	Tecan Infinite M1000 PRO	购于瑞士 Tecan 公司
4	大分子浓度测定仪器	Nanodrop 8000	购于美国 Thermo 公司
5	核酸浓度测定仪	Agilent 2100	购于美国安捷伦生物公司
6	恒温混匀仪	Thermomixer Compact	购于德国 Eppendorf 公司
7	蛋白纯化仪器	AKTA-pure25	购于美国 GE Healthcare 公司
8	分子间相互作用仪	Biacore T200	购于美国 GE Healthcare 公司
9	PCR 仪器	ABI Veriti 96	购于美国 Applied Biosystems 公司
10	超声波破碎仪	Biosafer 900-92	购于南京赛飞生物科技公司
11	质谱仪	LTQ Orbitrap Velos	购于美国 Thermo 公司
12	电击转化仪器	Eppendorf Eporator	购于德国 Eppendorf 公司
13	恒温摇床	SYC-2105	购于苏州精骐公司
14	恒温水浴锅	ZSBB-724	购于上海智诚公司

3.3　实验方法

3.3.1　羊驼免疫实验、外周血采集及 RNA 提取

本研究中用 PCSK9 免疫羊驼及其采血方案通过深圳华大生命科学研究院伦理委员会审核以及批准（伦理批件编号为 FT17171）。选取一只健康成年雌性澳

洲羊驼，首次免疫前，采集脖颈静脉血作为阴性组对照。将 300 μg 人 PCSK9 蛋白（his 标签）作为抗原，加入等体积弗氏佐剂，混合后用手持式匀浆机充分乳化，然后对羊驼进行脖颈及背部区域皮下多点注射方式免疫。首次免疫时，乳化抗原使用的是弗氏完全佐剂，其余两次采用弗氏不完全佐剂。同样，值得注意的是，抗原充分乳化的标准是将乳化后的抗原佐剂混合物滴在水面上 5～10 min 后仍能聚团而不散开。

在免疫前采一次血（10 mL）作为免疫前的对照，经过三次免疫后过约一个月后再采集一次羊驼外周血液 50 mL，并于当天分离血浆及外周血淋巴细胞。其中血浆分离方法如下：将新鲜血液转移至 50 mL 新的干净的离心管中，1 500 r/min 室温下离心 25 min，或者于常温下静置过夜，可见离心管中血液分为上下两层，上层呈半透明淡黄色即为血浆，下层为血细胞。血浆分装后冻存至 -80 ℃ 冰箱备用。

血浆和外周血淋巴细胞分离也可以同时进行，步骤如下所述。

（1）准备三支 50 mL 离心管，分别加入 15 mL 淋巴细胞分离液 Ficoll。

（2）另外准备三支 50 mL 离心管，将 50 mL 血液等体积分装在三支离心管中，每管约 15 mL，在血液中加入等体积（15 mL）PBS 或生理盐水，轻柔地上下颠倒充分混匀。

（3）用移液器小心、缓慢地将稀释血液（每管大约 30 mL）延管壁加入已有淋巴细胞分离液的 50 mL 离心管中，并使上述混合液处于淋巴细胞分离液液面之上（即两种液体不要混合，保留清晰的界面），500 r/min 水平离心 30 min。

（4）用移液器将上清液（血浆稀释液）小心转移到 15 mL 细胞冻存管中，写上动物编号和血浆字样（已稀释 1 倍），放入 -80 ℃ 冰箱保存。

（5）用移液器小心分离出白细胞层到一支 15 mL 离心管中，加入 PBS 至 15 mL，清洗白细胞，1 600 r/min，离心 20 min。小心倾倒掉上清液，避免搅动管底的细胞团块。

（6）加入 1 mL Trizol，吸打混匀，使细胞充分裂解，然后置于 -80 ℃ 冰箱保存。

以下是羊驼总 RNA 提取的步骤：取一份冻存的淋巴细胞（约 10^6 个，已用 1 mL Trizol 裂解），融化后混匀，室温静置 10 min，加入 0.2 mL 氯仿，剧烈振荡，室温静置，待溶液分层，12 000 r/min 离心 10 min。收集上层水相，加入等体积的异丙醇，混匀后冰上静置 30 min，待核酸沉淀，12 000 r/min 离心 10 min，弃上清液，

RNA 沉淀加入 1 mL 的 75% 乙醇（DEPC 水配制）进行洗涤，12 000 r/min 离心 10 min，高速离心去上清液，控干水分后，RNA 用无核酸酶的水溶解，分别取 1 µL 用于安捷伦 2100 或者 Nanodrop 8000 核酸浓度测定；跑 1.5% 的琼脂糖凝胶 用于 RNA 纯度和完整性测定，剩余 RNA 样本置于 −80 ℃ 冰箱保存。

3.3.2　羊驼 IGH 免疫组库建库、测序和数据分析

3.3.2.1　羊驼 IGH 免疫组库建库

（1）利用羊驼总 RNA 逆转录生成 cDNA。

取 20 µg 羊驼总 RNA，采用 5′ RACE 试剂盒说明书所述的相关实验流程逆转录生成 cDNA，引物采用随机引物 N6（5′-NNNNNN-3′，其中 N 代表 ATCG 任意碱基，该引物由北京六合华大生物科技公司合成），合成好的 cDNA 在 −20 ℃ 冻存。cDNA 合成体系及流程同小鼠实验中 2.3.4 章节所述内容。

（2）巢式 PCR 扩增获得羊驼抗体免疫组库（IGH）。

以上述反转录产物 cDNA 为模板，采用两轮巢式 PCR 法扩增获得羊驼重链抗体的可变区（VHH）产物，表 3.4 为羊驼 VHH 片段扩增所用引物的名称及序列，表 3.5 为第一轮 PCR 的体系。

表 3.4　羊驼 VHH 片段扩增所用的引物名称及序列

轮数	名称	序列（5′→3′）
第一轮	CALL001	GTCCTGGCTGCTCTTCTACAAGG
	CALL002	GGTACGTGCTGTTGAACTGTTCC
	CALL001-2	GTCCTGGCTGCTCTWYTACAAGG
	CALL001-3	CCTGGYKGCAGGTCHCMAGGTG
第二轮	VHH-Back	GATGTGCAGCTGCAGGAGTCTGGRGGAGG
	VHH-For	CTAGTGCGGCCGCTGAGGAGACGGTGACCTGGGT
	VHH-Back-2	GATGTGCAGCTGCARGAGYCWGGRGGAGG
	VHH-Back-3	GATGTGCAGCTGCAGGAGTCGGGCCCAGG

表 3.5　第一轮 PCR 反应体

组分	体积
cDNA	2 μL
2×KAPA Master Mix	25 μL
CALL001mix （10 μmol/L）	1.5 μL
CALL002（10 μmol/L）	1.5 μL
NFH$_2$O	补足至 50 μL

将混合物放置于 PCR 仪中，反应条件设置为：95 ℃，5 min；[94 ℃，45 s；56 ℃，45 s；72 ℃，45 s]，扩增 25 个循坏；72 ℃，5 min；12 ℃，∞。

（3）跑琼脂糖凝胶电泳，切胶回收纯化第一轮 PCR 产物。

配制 1.5% 的琼脂糖凝胶电泳胶，回收处于约 750 bp 附近的条带，该区域的条带对应的即是羊驼的重链抗体基因扩增产物。具体步骤可以参考供应商的说明书（北京天根生化科技公司，普通琼脂糖凝胶回收试剂盒，货号 DP209-2），必要时，可以连续切胶两次，以保证 750 bp 重链抗体的条带里没有污染 1 000 bp 的传统抗体条带。表 3.6 是第二轮 PCR 反应体系。

表 3.6　第二轮 PCR 反应体系

组分	体积
cDNA	2 μL
2×KAPA Master Mix	25 μL
VHH For（10 μmol/L）	1.5 μL
VHH Back mix（10 μmol/L）	1.5 μL
NFH$_2$O	补足至 50 μL

将混合物放置于 PCR 仪中，反应条件设置为：95℃，5 min；[94℃，45 s；56℃，45 s；72℃，45 s]，扩增 25 个循坏；72℃，5 min。

（4）构建测序上机文库。

取出上述 PCR 产物，同前述切胶步骤一样，进行切胶回收纯化，然后进行抗体免疫组库（IGH）测序上机文库的建库，总的来说分为 PCR 产物末端修复、磁珠纯化、DNA 末端加 A 和加测序接头等步骤，同小鼠实验中 2.3.6 章节所述内容。

3.3.2.2　羊驼 IGH 免疫组库测序

羊驼免疫组库测序上机前，首先使用安捷伦 2100 仪器对 DNA 文库产物的浓度进行准确测定；测序平台采用的是 Illumina 的 Hiseq2500，按照 PE250 测序策略，要求每文库测序获得 3 Gbp 的数据量。为得到较高的测序质量，在上机前，需要在免疫组库文库中按质量比掺入至少 30% 的 ATCG 四碱基平衡文库（如全基因组文库）。

3.3.2.3　羊驼 IGH 免疫组库数据分析

首先，使用 FastQC 软件检查下机数据的质量（http://www.bioinformatics.babraham.ac.uk/projects/fastqc/），接下来使用深圳华大生命科学研究院自主研发的 SOAPnuke 软件对数据进行过滤，具体步骤如下所述。切除接头序列或去除包含接头的接头污染数据，去除未知碱基即 N 含量 > 10% 的测序数据，去除低质量的测序数据（定义测序质量值低于 15 的碱基占该读长总碱基数的比例 > 50% 的读长为低质量数据）。将过滤后的"clean reads"保存为 FASTQ 格式。在对三次免疫样本 NGS 测序数据进行过滤后，获得了可用于后续分析的测序数据，提取测序报告中反映数据质量的 Q30 值（定义测序读长中错误率小于千分之一的碱基数目的百分比）。然后使用 COPE 软件拼接双末端测序 reads，成完整的测序读长。

接下来，采用免疫组库数据分析的专门的 MiXCR 软件，以 IMGT 网站羊驼（*Vicµgna pacos*）上的 IGH 胚系基因为参考数据库，对拼接好的 reads 进行 V 基因和 J 基因的比对以考察测序数据是否确实为羊驼的抗体基因以及抗体基因的 VJ 基因使用情况。

3.3.3　羊驼血清中抗体的预处理、质谱上机以及数据分析

MS 法鉴定抗体主要包含血浆样本的亲和纯化、抗体酶解（样本预处理）、MS 上机和肽段鉴定等流程。首先将末次免疫后收集的血浆 5 mL 加入 9 倍体积的 PBS 进行稀释，并用 0.22 μm 滤膜过滤，采用 Protein G 柱子进行亲和纯化，接着用含有 500 mmol/L 氯化钠和 100 mmol/L 乙酸的溶液（pH 值为 4.0）洗脱柱

子上的羊驼 IgG 抗体；随后参照溴化氰活化的琼脂糖凝胶 4B（GE Healthcare）使用流程，将目标抗原——人 PCSK9 蛋白（his 标签）偶联在柱子上，抗体亲和纯化前，用 10 mL 含有 0.05% 叠氮钠的 PBS 缓冲液（pH 值为 7.2）冲洗平衡柱子。将 Protein G 亲和纯化得到溶液用 1 mL/min 的滴速，流经已偶联 PCSK9 抗原的亲和柱，流穿液可以二次重复进样以增加结合效率，充分结合后，加入 PBS 洗涤，直至 PBS 流穿清洗液 OD280 读值在 0.01 mAU 以下，代表杂蛋白被充分洗去。然后加入适量的 pH 值为 2.0 的甘氨酸 - 盐酸洗脱，并用等体积的饱和磷酸氢二钠溶液进行中和。参照 10 ku 超滤膜的使用方法，对抗体洗脱液的溶剂进行 1 × PBS 溶液的置换及蛋白浓缩。

我们取出从上个步骤中纯化的抗体，进行 SDS-PAGE 胶电泳，从中切取重链抗体的目的条带，溶解后分别使用胰蛋白酶和糜蛋白酶进行消化，然后使用 LTQ Orbitrap Velos 质谱仪上机。总共运行两个 RUN 来进行质谱检测，每个 RUN 的时间为 45 min。使用 NGS 数据建立自定义的数据库，对 MS 法下机数据使用 Mascot 搜索引擎进行搜库。参数设置如下所述。数据库来源：免疫组库 NGS 数据库；固定修饰类型：脲甲基化（半胱氨酸）；可变修饰：氧化作用（甲硫氨酸）；脱酰胺作用（天冬酰胺）；脱酰胺作用（谷氨酰胺）；片段质量误差：±0.01 ku；前体质量误差：2×10^{-5}；罗斯福阈值：1%（肽水平）；抗体蛋白序列推断方法：将至少有一个独特肽序列完全匹配（支持）的蛋白完整序列判断为真实存在的抗体序列。MS 法鉴定的独有肽次数在一定程度上反映了所对应的抗体蛋白在血清中的丰度；突变率在一定程度上反映了机体免疫系统经抗原免疫刺激之后产生的抗体的应答情况。所以，结合 MS 法鉴定到的独有肽数据以及免疫组库 NGS 数据统计相关信息，依据独有肽丰度（鉴定次数）和突变率（与胚系基因相比碱基 Mismatch 比率）这两个参数进行抗体序列筛选。

3.3.4 基于 NGS 和 MS 法筛选到的羊驼抗体的亲和力评价

3.3.4.1 基于 NGS 和 MS 法筛选到的抗体的表达和纯化

首先，将基于 NGS 法筛选到的羊驼纳米抗体 VHH 基因序列融合至羊驼本身的 Fc 区序列，按照 HEK293T 哺乳细胞的密码子使用偏好性对重组抗体的基因序列进行优化，然后送交北京六合华大基因公司进行基因合成，合成后直接克隆至大肠杆菌——哺乳细胞穿梭表达载体 pCDNA3.4 上面，随后进行无内毒素质粒大提，并测定质粒浓度。

使用经过优化的无血清的 DMEM 培养基来培养 HEK293T 细胞（培养条件设置为 37 ℃，5% CO_2），至细胞生长至对数期后，将筛选到的 *pCDNA3.4-HcAb_1-8* 表达质粒分别使用 ExpiFectamine™ 293 Transfection Kit 转染试剂转染 HEK293T 细胞，以期表达得到完整的重链抗体。转染后培养 5 天，高速离心收获培养基上清液。随后在 AKTA 仪器上使用 5 mL 的 Protein G 的亲和纯化柱去纯化培养基上清液中的重组羊驼抗体，随后跑 SDS-PAGE 胶检测抗体的表达和纯化效果。

3.3.4.2　基于 NGS 和 MS 法筛选到的抗体的亲和力检测

（1）对于纯化出来的抗体进行结合力检测（binding test）。

用间接 ELISA 的方法测定重组羊驼重链抗体与其抗原人 PCSK9 的亲和力。

①重组人 PCSK9 抗原的包被。用 100 mmol/L $NaHCO_3$ 溶液将抗原稀释至 1 μg/mL，加入 ELISA 板，100 ng 每孔，4 ℃孵育过夜。第二天，取 ELISA 板，弃掉液体，用 0.5% 1 × PBST 溶液洗涤，200 μL 每孔，洗涤 5 次。

②BSA 封闭。每孔加入 200 μL 3% BSA 溶液，37 ℃孵育 2 h；0.5% 1 × PBST 洗涤 5 次，每次 200 μL 每孔。加入梯度稀释的抗体蛋白，100 μL 每孔，室温放置 1 h；每孔加入 200 μL 0.5% 1 × PBST 洗涤 5 ~ 7 次，然后加入 3 000 倍稀释的 HRP 标记的 Mouse Anti-6 × His IgG 二抗，37 ℃孵育 45 min；每孔加入 200 μL 0.5% 1 × PBST，洗涤 5 次，加入 100 μL TMB 显色剂，室温避光放置 10 min，加入等体积终止液（1 mol/L 的浓硫酸），酶标仪读取 450 nm 处吸光值。

（2）对纯化出来的抗体进行 SPR 亲和力检测。

拟采用捕获法测定筛选出的重链抗体与 PCSK9 抗原之间的亲和力（捕获法原理图见 2.3.10 的图 2.1）。首先将 PCSK9 抗原用 10 mmol/L 醋酸钠（pH 值为 5.0）稀释至 20 μg/mL，自动进样偶联在 CM5 芯片通道 2 的表面，设置达到约 800 响应值单位（response unit，RU）的偶联水平，与此同时，以通道 1 为空白对照。设置 Biacore T200 机器的反应温度为默认的 25 ℃，选用 1 × PBS 为系统缓冲液，甘氨酸（pH 值为 2.0，100 mmol/L）是再生缓冲液。结合和解离时间设定为 120 s。将不同 VHH 裂解液进样，流经通道 1 和 2 的表面，这期间和通道表面的抗原进行结合和解离，最后自动拟合出亲和力。

3.3.5 羊驼纳米抗体噬菌体展示库的构建和抗体淘选

3.3.5.1 羊驼纳米抗体噬菌体展示库的构建

首先进行羊驼 Phage display 库的构建，用限制性内切酶 *Not* I 和 *Pst* I 分别对 3.3.2 章节中获得的 *VHH* 片段和噬菌粒 *pMECS* 进行双酶切（如图 3.1 为 *pMECS* 质粒图谱）。如表 3.7 为 *pMECS* 载体以及 *VHH* 扩增产物的 DNA 双酶切体系，反应条件为 37 ℃水浴过夜。

表 3.7　DNA 双酶切体系

组分	量
pMECS 载体 / *VHH*	30 μg
Pst I	10 μL
Not I	20 μL
10 × Cutsmart buffer	30 μL
ddH$_2$O	补足至 300 μL

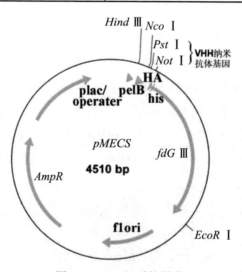

图 3.1　*pMECS* 质粒图谱

注：Phage display 用表达载体，多克隆位点前带有 plac 启动子、lac 操纵子以及 pelB 分泌表达信号肽；多克隆位点后面带有 HA 标签和 his 标签序列；来自 M13 噬菌体的 gene Ⅲ 序列；f1ori 复制起始位点；*AmpR* 为氨苄抗性基因。

酶切产物参照 PCR 产物回收试剂盒（QIAGEN）操作流程进行纯化，回收后 VHH 片段和 pMECS 载体的酶切产物进行连接。表 3.8 是 DNA 的连接体系，在 PCR 仪器中设置反应条件为 16 ℃连接过夜。

表 3.8　DNA 的连接体系

组分	量
线性化 pMECS 载体	1.5 μg
酶切后的 VHH 片段	0.5 μg
T4 连接酶	1 μL
10 × T4 连接 buffer	2 μL
加 H₂O	至 20 μL

接下来是连接产物转化。取 1 μL 连接产物，与 30 μL TG1 超级感受态细胞混合，冰浴 5 min，将混合物转入电转杯中，1.5 kV 电击 2 s，电击完成后，加入 1 mL SOC 培养基，移液器吹打混匀并转移至 2 mL 离心管中，37 ℃培养复苏 1 h，梯度稀释 100 倍、1 000 倍和 10 000 倍等，将稀释后菌液取适量涂布平板（氨苄抗性的 LB 平板），37 ℃，过夜培养，次日计算克隆数，达到约 10^6 个克隆 / 平板。采用上述相同的转化方法，重复转化，直到文库的克隆数达到 10^7 及以上。转化后的菌液，即单域抗体噬菌体文库，加入等体积的 50% 甘油，于 -20 ℃冰箱暂存。

3.3.5.2　噬菌体拯救和抗体淘选

（1）基于 Phage display 技术淘选单域抗体。

取上述噬菌体文库进行扩增，并加入辅助噬菌体 M13 拯救单域抗体免疫噬菌体库。将上述保存的 Phage display 库接入 5 ~ 10 mL 培养基中培养至对数生长期（OD600 = 0.8），加入适量的 M13 辅助噬菌体（pfu ≈ 2 × 10^{12}），使菌液与辅助噬菌体感染复数比值为 20，室温静置 30 min，低速离心后，沉淀用培养基悬起，接入 300 mL 培养基中，培养过夜。次日，2 200g 离心 30 min，收集上清液，加入 1/6 体积的 PEG/NaCl 沉淀噬菌体，冰上静置 30 min，2 200g 离心 30 min，沉淀即为 PCSK9 特异性单域抗体的噬菌体库，用 1 mL PBS 悬浮沉淀后，测定滴度。

（2）淘选富集具有 PCSK9 亲和力的噬菌体。

取 100 ng 抗原 PCSK9，包被 ELISA 板一个孔，4 ℃，过夜孵育。次日，加入上步获得的原始免疫库噬菌体库，室温孵育 2 h；0.05% PBST 清洗 10 次，加入 100 μL 三乙胺洗脱液，室温，孵育 10 ~ 30 min，吸取洗脱液至等体积 pH 值为 7.4 的 1 mol/L Tris-HCl 中，混匀所得噬菌体即一轮抗原特异性亲和淘选富集 PCSK9 的单域抗体噬菌体库。一般需要淘选富集 3 ~ 4 轮，才能富集获得高亲和力的 PCSK9 特异性噬菌体。对每轮富集的噬菌体进行 ELISA 鉴定，以检测抗原亲和力噬菌体富集情况。最后一轮的淘选过程中，将用噬菌体库侵染过 TG1 大肠杆菌，10 倍比稀释，取 100 μL 10^5 ~ 10^7 稀释度样品涂布于含 2% 葡萄糖的 LB 固体培养基（氨苄抗性），每个平板都产生了 30 ~ 300 个单克隆，随机挑选 95 个克隆，转接入 96 孔深孔板（每孔 1 mL LB 培养）中（Amp 抗性），取另外一个孔不接种克隆作为空白对照，摇菌 6 h；加入终浓度为 1 mmol/L 的 IPTG 作为诱导试剂，设置恒温摇床温度为 37 ℃，转速为 150 r/min，过夜培养；同时取 100 μL 菌液在另一新的 96 孔板中（孔孔对应）。

ELISA 初步筛选，按以下步骤进行。

①包被 ELISA 板，100 μL 1 μg/mL PCSK9-strep 抗原包被 ELISA 板。

②倒掉 ELISA 板孔中的液体，用 1 × PBS/Tween-20 洗涤 5 次，加入 200 μL 2% 的 BSA，包括一个空白孔作为阴性对照，室温，静置 2 h。

③取菌液，5 000 r/min 离心 10 min，弃去上清液，加入 200 μL TES，4 ℃ 300 r/min，振荡 30 min，重悬沉淀。

④加入 300 μL TES/4，4 ℃，300 r/min，振荡 30 min，4℃ 5 000 r/min 离心 10 min。

⑤同时取 ELISA 板，去掉包被液，用 1×PBS/Tween-20 洗涤 5 次。

⑥取 100 μL 裂解上清至 ELISA 板中，室温 1 h 30 min。

⑦弃去裂解液，PBS/Tween 洗涤 10 次；加入 100 μL 1 000 倍稀释（PBS 稀释）的鼠抗 his 标签的抗体，室温 1 h。

⑧弃去上清液，1 × PBS/Tween 洗涤 5 次，加入 100 μL 新鲜配制的磷酸酶底物溶液，静置 10 ~ 20 min，等待溶液变色。

⑨加 50 μL 1 mol/L 浓硫酸终止反应。

⑩读取 OD450 的吸光值，吸光值为空白对照的 2 倍以上判定为阳性克隆。

（3）基于 SPR 技术进行亲和动力学复筛。

将 ELISA 初筛得到的克隆进一步使用 SPR 技术进行亲和力动力学筛选，并考察 VHH 和 PCSK9 动力学结合和解离过程。因结合值和解离值与抗体的亲和力成正比关系，所以可根据两个参数确认最佳候选抗体。

将 Mouse anti-6 × his 抗体用 10 mmol/L 醋酸钠（pH 值为 5.0）稀释至 20 μg/mL，捕获包被在 CM5 芯片通道 2 的表面，持续 420 s 的偶联时间，最终达到约 18 000 RU 高偶联水平，与此同时，以通道 1 为空白对照。设置 Biacore T200 机器反应温度为默认的 25 ℃，55% TES 为系统缓冲液，甘氨酸（pH 值为 2.0）是再生缓冲液。结合和解离时间分别设定为 120 s 和 180 s。将不同 VHH 裂解液进样，流经通道 1 和 2 的表面，其间和通道表面的抗原进行结合和解离，最后抗体的筛选结果由机器内置的评估软件自动给出。

将筛选得到的单域抗体表达菌株送 Sanger 测序，用 GIII 反向测序引物测定插入片段的序列，将得到的序列修改为 FASTQ 格式上传 NCBI 网站，使用 Ig-blast 工具，以人抗体免疫组库胚系（Germline）基因为参考集，进行比对；同时将得到的序列上传至 IMGT 网站，使用 IMGT/V-QUEST 工具，也使用人抗体免疫组库胚系基因为参考集，进行比对；比对筛选得到的抗体序列的异同，以及 VJ 使用情况等信息。

3.3.6　羊驼多种新型抗体构型的设计和蛋白表达

3.3.6.1　羊驼噬菌体展示库的构建

为了提升抗体的亲和力以及延长抗体的生物半衰期，基于新筛出的单域抗体，我们又设计出多种新型抗体，它们之间的构型对比如图 3.2 所示。图 3.2(a) 是传统的抗体架构，由两条重链和两条轻链聚合形成。图 3.2(b) 是驼类动物体内存在的天然的重链抗体。图 3.2(c) 是重链抗体的可变区段，又称为纳米抗体 VHH 或者单域抗体。为了提升单域抗体的亲和力，我们设计了多种构型的新型抗体，比如，串联的双价单域抗体如图 3.2(d) 所示。有文献报道，单域抗体的生物半衰期较短，在人体内仅为约 30 min，即使双价单域抗体也只有约 60 min，为提升单域抗体的半衰期，可以考虑将双价单域抗体在中间位置融合 anti_HSA-VHH 的形成三价纳米抗体（其中 HSA 为人血清白蛋白 human serum albumin 的英文简写），如图 3.2(e) 所示。也可以考虑直接将 HSA 融合在双价抗体的 C 端，如图 3.2(f) 所示。为了降低羊驼抗体对人体的免疫原性，我们将抗体的人抗体的 Fc 区域融合至单域抗体 VHH 的 C 端，以期借助 Fc 二聚化的作用形成嵌合的重链抗体。我们选择人 IgG4 的 Fc 区去融合单域抗体 VHH，这种抗体（llama VHH-human Fc）简称"嵌合驼人重链抗体"，如图 3.2(g) 所示。

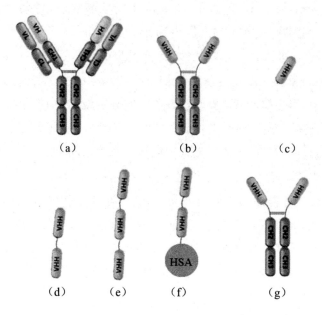

图 3.2　多种抗体构型的设计示意图

（a）人传统抗体；（b）骆驼重链抗体；（c）骆驼纳米抗体；（d）双价纳米抗体；

（e）三价纳米抗体；（f）双价融合 HSA 蛋白；（g）嵌合骆人重链抗体

3.3.6.2　基于羊驼噬菌体展示库筛选到的抗体的表达

（1）对单域抗体等新型抗体的基因按照表达宿主的密码子使用偏好性进行优化以及基因合成。

在表达系统的选择上，除了大肠杆菌表达系统（表达周期只需要 1～2 天）外，我们也尝试了 HEK-293F 人哺乳细胞表达系统，小量生产时，一般需要 5 天；工业生产时，表达周期一般需要 10～15 天。而对于 X33 毕赤酵母表达系统，小量生产时，一般需要 2～3 天；工业生产时，表达周期一般需要 5 天。

使用大肠杆菌表达时，可以将 2.3.5 章节中基于 Phage display 技术筛选出来的单克隆挑出培养即可，因 TG1 大肠杆菌已经含有 *pMECS* 表达质粒，直接可以用于抗体表达。将冻存于 -20 ℃ 的大肠杆菌甘油菌取出，室温融化后，按 1∶100 的比例接种至含有 10 mL LB 液体培养基的 50 mL 离心管中，220 r/min，37 ℃ 摇菌 4～6 h，至 OD600 值等于 0.8 时，全部转至 1 L 的 LB 培养基中，继续按此条件摇菌至对数期，加入终浓度 1 mmol/L 的 IPTG，诱导表达目的抗体蛋白。

使用酵母表达时，则首先进行重组酵母表达载体 *pPICZ-α* 的大量提取和线性化，其中线性化的酶切体系如表 3.9 所示，酶切完的产物用 DNA 产物纯化试剂盒进行纯化回收，损失率一般在 50% 左右，保证进行电转的线性化质粒 > 7 μg，这样会得到比较高的电转化效率，回收后冻在 −20 ℃冰箱备用。

表 3.9　*pPICZ-α* 线性化酶切体系

组分	量
pPICZ-α vector	30 μg
Sac I	10 μL
10 × Cutsmart buffer	30 μL
ddH$_2$O	加至 300 μL

在质粒线性化的同时，要进行 X33 型毕赤酵母的感受态细胞制备，按以下步骤进行：从 YPD 平板上挑取单菌落 2 ~ 3 个于含 25 mL YPD 的 250 mL 三角瓶中，220 r/min，30 ℃过夜培养（如从第一天下午 6 点开始摇，到第二天上午 9 点）；取 1 mL 过夜培养物，接种至含 50 mL 新鲜培养基（YPD）的 250 mL 摇瓶（可接种两瓶，共 100 mL 培养液），生长至 OD600 为 1.3 ~ 1.5（培养 4 h 左右）；将 100 mL 培养液分装于 3 支 50 mL 离心管中，4 ℃，5 000 g 离心 5 min，用少许预冷的灭菌水悬浮细胞后并于 1 管中，加预冷的灭菌水至 20 mL；如上离心，用 10 mL 预冷的灭菌水悬浮细胞；4 ℃，5 000 g 离心 5 min，如上离心，用 10 mL 预冷的 1 mol/L 山梨醇溶液悬浮细胞；4 ℃，5 000 g 离心 5 min，如上离心，用 0.5 mL 预冷的 1 mol/L 山梨醇溶液悬浮细胞；接下来，开始进行电击转化：取 80 μL 上述细胞与 10 μL 线性化质粒 DNA 混合，转入预冷的 0.2 cm 电转杯中，在冰上放置 5 min；接下来设置电击转化条件为 1.8 kV，6 ms，进行电击转化；随后立即加入 0.9 mL 预冷的 1 mol/L 山梨醇溶液至电击杯中，用枪轻柔地吹打均匀，将溶液转移至新的干净无菌 EP 管中，5 000 g 离心 5 min，剩余 200 μL 菌液吹吸重悬细胞，涂布 1 块 YPD 平板（含博来霉素 zeocin 抗性，200 μg/mL）；在 30 ℃的培养箱中，孵育平板至单菌落明显形成（大约 3 天）。接着进行加压筛选，以期获得高效表达抗体的酵母单克隆菌株：3 天后将含 zeocin（200 μg/mL）的抗性平板上克隆逐渐挑至 500 μg/mL，再过 3 天挑克隆至含 zeocin（800 μg/mL）的抗性平板上，加压筛选出高拷贝的表达克隆。

按以下操作步骤进行菌株的复壮：将保存的 VHH 相关甘油菌融化后，混匀离心，取 1 µL 用无菌水稀释至 50 µL 涂布于 YPD 培养基上，置于 30 ℃恒温培养箱中，生长 2 天后，待挑单克隆。

（2）酵母种子液制作。

挑单克隆至 10 mL 的 YPD 液体培养基（50 mL 离心管）中摇种子液，预先加入 100 倍的 zeocin 作为抗性，30 ℃，250 r/min 摇菌过夜，次日将这 10 mL 种子液转接至 100 mL BMGY 培养基（含 100 µg/mL zeocin）中在 30 ℃，250 r/min 条件下继续摇菌过夜，第二天检测 OD600（取少量菌液用无菌培养基稀释多倍进行检测），若达到可用于诱导表达的水平，室温条件下进行菌体收集，3 000 g 离心 5 min 后弃去上清液。

（3）诱导酵母进行大量表达蛋白。

用新的 BMMY 培养基 30 mL 将离心菌体重悬起来，转接至 500 mL 的 BMMY 培养基（添加 1 mL 500 倍生物素）中，继续摇菌进行蛋白表达，每 24 h 加一次甲醇作为诱导剂，使其终浓度为 0.5%。离心收上清液，每次 3 000 g 室温离心 5 min，将抗体表达上清液，收集后 4℃保存待纯化。

如果使用的是 HEK293F 哺乳细胞表达系统，在合成基因时，将优化后基因克隆至到 pcDNA3.4 哺乳细胞表达载体上；摇菌培养扩增培养重组质粒所在的甘油菌，随后进行无内毒素的质粒抽提；冻在 -20 ℃冰箱以备细胞转染使用。按以下操作步骤进行质粒转染和细胞表达：使用经过优化的无血清的 DMEM 培养基来培养 HEK293F 细胞（培养条件设置为 37 ℃，5% CO_2，150 r/min），至细胞生长至对数期后，将重组后得到的多种新型抗体表达质粒使用 ExpiFectamine™ 293 Transfection Kit 试剂盒中的转染试剂转染 HEK293F 细胞（质粒与脂质体的质量比为 1∶2.5），以期通过瞬时转染可以正确表达出所需要的抗体蛋白；然后培养 5 天，离心收获培养基上清。在 AKTA 仪器上使用 5 mL 的 Protein G 的亲和纯化柱去纯化培养基上清中的抗体。

3.3.6.3 基于羊驼噬菌体展示库筛选到的抗体的纯化

若采用大肠杆菌表达 his 标签抗体蛋白时，首先进行菌体的收集，12 000 r/min 离心 10 min 去除培养基上清液，随后用适量亲和 A 溶液重悬沉淀，使用超声波破碎仪（设置功率 30%，超声 2 s，暂停 2 s）破碎细胞 30 min 以上，直到液体呈现乳白色半透明状之后在 12 000 g 条件下离心 10 min 收集破碎上清液，测定其 pH 值和电导，调整后使得和亲和 A 溶液保持一致（根据经验调整 pH 值约为 7.4，电导约为 23）；随后用 0.22 μm 过滤除菌。

若采用酵母分泌表达 his 标签抗体蛋白时，首先要进行硫酸铵沉淀：12 000 g 离心 10 min 收集酵母培养基上清液，随后往酵母培养基上清液加入硫酸铵粉末，边加边搅拌，直至硫酸铵饱和，沉淀培养基上清液中的所有蛋白，12 000 g 离心 10 min 收集沉淀，用亲和 A 溶液适量重悬沉淀，测定其 pH 值，根据经验一般在 9.0 左右；然后用 pH 值为 6.0 的普通磷酸盐溶液（不加氯化钠）调整测定 pH 值约 7.4，根据经验调整其电导率约 23，和亲和 A/B 溶液保持一致；收集后 0.22 μm 滤膜过滤除菌后 4 ℃保存待上柱。

若采用 AKTA-pure 25 蛋白纯化系统纯化 his 标签蛋白时，AKTA 提前开机，清洗仪器，A1、A2、B1 和 B2 通道都用去离子水执行泵洗（pump wash），洗掉系统内 20% 乙醇；然后将 A1、A2 放入亲和 A 溶液中，B1 放入亲和 B 溶液中；分别进行泵洗，装柱，柱子水洗 5 个柱体积（column volume，简称 CV）；确认 A1 在亲和 A 溶液里，B1 在亲和 B 溶液里，A2 在超声过滤上清液中，Outlet 收集管放入干净的接上清液流出液的瓶子中。柱平衡（equilibrium）：用亲和 A 进行平衡，设置流速为 5 mL/min，平衡 5 个 CV，至电导 Cond 值，pH 值和 UV 值均平稳，不再下降。接下来是进样（sample application）：设置流速为 4 mL/min，并从出口（Outlet）接上样的流穿液。接下来执行柱清洗（column wash 1）洗杂：上样完毕后用亲和 A 洗涤柱子，设置流速为 5 mL/min，60 个 CV，洗至紫外吸收值 UV 280 < 1 mmol/L。接下来执行第二次柱洗（column wash 2）：设置洗涤条件，即设置亲和 B 溶液混入亲和 A 溶液的百分比从 0% ~ 6% 线性增加（0% ~ 6% Linear），流速为 5 mL/min，40 个 CV，收集 UV 凸峰处流出液（Outlet 管），检测备用。亲和 B 溶液混入亲和 A 溶液的最大百分比需要根据不同的蛋白做不同的调整。接下来是蛋白洗脱（Elution）：首先用 20% 亲和 B 溶液洗脱 10 个 CV，对应目的蛋白即出峰，换新的离心管收集 UV 凸峰处流出液（Outlet 管）；用 100 % 亲和 B 溶液洗脱 8 个 CV，将柱子内全部蛋白洗掉，让柱子再生；接着用纯水最后冲洗全部管路和柱子，最后用 20% 乙醇置换柱子内的纯水，4 ℃保存柱子。

如果表达的是人 Fc 标签的抗体，则按照以下步骤进行纯化，仍然采用 AKTA-pure25 蛋白纯化系统纯化蛋白，AKTA 提前开机，清洗仪器，A1、A2、B1 和 B2 通道都用去离子水执行泵洗，洗掉系统内 20 % 乙醇。首先是样品处理：取一定体积的有抗体分泌的细胞培养上清液。根据经验 1 mL Protein A 亲和层析柱能最多可以有效结合约 15 mg 的抗体蛋白；将细胞培养上清液 4 ℃条件下离心 12 000 r/min，20 min，去除细胞碎片，细胞上清液经 0.45 μm 滤膜抽滤脱气，除去未沉降的蛋白等一些杂质，吸取 0.5 mL 留作样品对照。用 10 mmol/L 的 NaOH 溶液调节上清的 pH 值至 7.0 左右；随后是平衡柱子，以 0.1 mol/L 的不含氯化钠的磷酸盐缓冲液（即 PB 溶液，pH 值为 7.0）平衡 1 mL Protein A 亲和层析柱，流速设置为 1 mL/min，冲洗体积大于 20 个 CV，充分去除乙醇和杂质，平衡至 OD280 < 0.01。接下来是上样，将上述处理过的样品液设置流速 1 mL/min 进行上样，样品温度应保持与柱床一致，否则容易出现气泡从而影响柱效。随后收集流穿液，混匀后取样 0.5 mL，记下流穿液体积。然后进行洗杂：以 0.1 mol/L 的 PB 缓冲液（pH 值为 7.0）冲洗上样后的 1 mL 的 Protein A 柱子，流速 2 mL/min，体积大于 50 个 CV，洗涤至 OD280 < 0.01，保留液体待测；随后进行目的蛋白洗脱，以 0.1 mol/L 的柠檬酸（pH 值为 3.0）的缓冲液洗脱上样后的亲和纯化柱，设置流速为 1 mL/min，体积不设限制，前 10 个 CV 可以分管收集，同时用 1 mol/L Tris 调整其 pH 值至 7.0 左右，洗脱到最后 OD280 值小于 0.01，每管取样待测；将纯化后的抗体蛋白用 Nanodrop 等浓度检测仪检测蛋白浓度，初步计算产量，随后使用超滤管，进行 1 × PBS（pH 值为 7.4）溶液置换，或者用透析袋透析，换液 3 ~ 5 次，分装后冻存在 -20 ℃冰箱备用。最后是柱子再生：以 0.1 mol/L 的柠檬酸（pH 值为 3.0）的缓冲液洗脱上样后的亲和纯化柱，流速设置为 1 mL/min，体积为 3 ~ 5 mL。柱子保存：以含 20% 乙醇的 1 × PBS（pH 值为 7.4）平衡再生后的柱子，关闭柱子，4 ℃保存备用。

随后采用 4% ~ 20% 的 SDS-PAGE 梯度胶检测多种单域抗体以及其衍生新型抗体，设置电压为 140 V，时间为 1 h，加入 5 倍蛋白上样溶液，使其终浓度为 1 倍，分别检测蛋白的相对分子质量大小和纯度。浓度检测采用 Nanodrop 2000 的 Protein A280 的检测功能，检测蛋白的浓度（1 mg 蛋白 ≈ 1.35 OD280）。

3.3.7 羊驼新型抗体与人 PCSK9 抗原的亲和力检测

采用 SPR 技术来测定人 PCSK9 和其单域抗体之间的亲和动力学结合和解离的过程。设置 Biacore T200 的反应温度为室温（即 25 ℃）。首先调整抗原蛋白偶联程序的各项参数，以下是直接偶联法的操作步骤：将人 PCSK9 抗原用 10 mmol/L 的醋酸钠（pH 值为 5.0）稀释至 20 μg/mL，放入机器内槽，开始运行内置的偶联程序，机器自动进样后使人 PCSK9 偶联至 CM5 芯片的 4 通道上，偶联响应值水平设置为 800 RU，同时以 3 通道作为空白对照。接下来是设置亲和力检测的程序参数，结合（用 k_{on} 来表示，单位是 1/ms）和解离（用 k_{off} 来表示，单位是 1/s）过程时间分别设置为 120 s 和 180 s。对于每个单域抗体 VHH 蛋白，拟采用 6 个或者 7 个浓度梯度点测定其准确的亲和力（用 K_D 来表示，单位是 nmol/L）。

以上是基于 CM5 芯片采用直接偶联法测定单域抗体与人 PCSK9 抗原之间亲和力的方法。对于 Fc 融合蛋白 VHH-Fc，则更宜采用 Protein A 芯片捕获法，即先用芯片上偶联的 Protein A 捕获 VHH-Fc 抗体，再进样（流过）5 个不同浓度的人 PCSK9 抗原进行亲和力的测定。两种亲和力检测方法原理同 2.3.10 的图 2.1。

两种测定亲和力的方案选取的再生溶液都是 pH 值为 2.0 的 100 mmol/L 的甘氨酸溶液，系统溶液为 1 × PBST。最终的亲和力结果，是基于 Biacore T200 内置的评价软件给出的拟合曲线，再得出 k_{off} 和 k_{on} 值，由公式 $K_D = k_{off} / k_{on}$ 计算得出。参数说明：R_{max} 为最大响应值，通常是处于 0 ~ 100 RU 之间；Chi^2 值小于等于 $1/10$ R_{max} 视为测定结果可靠。

3.3.8　羊驼新型抗体结合人 PCSK9 的表位解析和体外药效学评价

3.3.8.1　表位差异检测

有必要在抗体药物开发之前进行表位差异检测。表位差异检测（epitope binning test）的目的是检测筛选出的抗体与上市药物 Evolocumab（商品名：Repatha，中文名：瑞百安）结合人 PCSK9 表位的异同，以免专利侵权。本节共采用两种实验方案来检测新发现的抗体与已经上市的抗体药物结合靶点抗原 PCSK9 的表位差异。

第一种方案是基于 SPR 技术的亲和动力学检测，仍旧设置 Biacore T200 的反应温度为室温（即 25 ℃），取一张新的 CM5 芯片，将上市抗体 Evolocumab 用 1 × PBS 稀释至 1 μg/mL，然后偶联到通道 2 上，偶联水平拟定位约 270 RU，与此同时，保持通道 1 为空白对照。接下来，将人 PCSK9-his 抗原用 1 × PBS 稀释至 5 μg/mL，设置程序将其作为样本 1（Sample 1）自动进样，结合时间设置为 90 s，如果人 PCSK9 抗原表面 Evolocumab 的特异性结合位点全部被其自身饱和，结合和解离曲线都将进入平台期。接着将新发现的抗体 VHH（浓度 5 μg/mL，用 1 × PBS 稀释）作为样本 2（Sample 2）继续进样 60 s，如果 VHH 与 Evolocumab 结合人 PCSK9 的表位不同，曲线将会继续升高；反之，曲线将继续保持平台期。两种样本的解离时间均设置为 120 s，再生溶液为 pH 值为 2.0 的 100 mmol/L 的甘氨酸，系统溶液为 1 × PBST。

第二种方案为双抗体"夹心"ELISA 法。取一块新的 96 孔 ELISA 板，每孔包被 100 ng 的 Evolocumab，条件为 4 ℃过夜。次日用 1 × PBST 洗涤三次后，用 3% 的 BSA 封闭 96 孔板孔底没有结合抗体的位点，条件为室温封闭 1 h；用 1×PBST 洗涤三次后，加入用 1×PBS 稀释至 5 μg/mL 的 PCSK9-his 抗原，室温封闭 1 h；用 1 × PBST 洗涤 5 次后，用系列倍比稀释的 VHH 加到孔中，去结合人 PCSK9 抗原上的抗原表位，如果 Evolocumab 和 VHH 等新型抗体结合表位相同，VHH 将不会再结合 PCSK9 而被洗掉，反之，VHH 不会被洗掉。接下来加 HRP 标记的抗 his 标签的二抗（1:5000 稀释），室温反应 1 h。随后，用 1 × PBST 洗涤三次后，每孔加入 100 μL 的 HRP 底物 TMB，在室温黑暗的环境中反应 5 ~ 10 min，随后加入 50 μL 1 mol/L 的浓硫酸终止反应，用酶标仪读取 OD450 吸光值。

3.3.8.2 羊驼新型抗体结合人 PCSK9 的表位解析

本研究采用基于 Phage display 随机多肽库的技术来研究羊驼新型抗体 B11-Fc 与人 PCSK9 抗原相互作用表位。基本原理如下所述。首先将 1 μg 的 B11-Fc 抗体包被至一个新 ELISA 板的孔中，实验步骤同 3.3.5，利用 Phage display 技术筛选出可以和 B11-Fc 结合的多肽，挑选出含有这些多肽的大肠杆菌克隆，送样测序后获取多肽的氨基酸序列，总结查找出这些多肽氨基酸的"共有基序"（public motif）。然后对照 PCSK9 的抗原序列，找出疑似结合表位，针对这些表位设计和表达 PCSK9 抗原的截断突变体，表达系统采用哺乳细胞 HEK293T，实验步骤同 3.3.6.2。随后基于 Western Blot 等检测手段验证截断后突变体是否仍与 B11-Fc 存在结合，如不再结合，证明这些表位确实为新型抗体与 PCSK9 的结合表位；如仍然结合，证明这些表位不是新型抗体与 PCSK9 的结合表位。具体地，将表达突变型和野生型的 PCSK9-HA 标签的哺乳细胞培养基上清液和细胞沉淀裂解物作为样本，进行 SDS-PAGE 电泳（4% ~ 20% 的梯度胶），点样采用 5 × Non-reducing buffer，Western Blot 实验中采用 1 × PBST 作为漂洗液，一方面采用 anti-HA 抗体作为一抗检测培养基上清液和沉淀中是否表达突变型和野生型 PCSK9，以此来确定蛋白表达位置，采用 HRP 标记的羊抗鼠（Goat anti-mouse Fc）抗体作为二抗（1:5000 稀释）进行检测；另一方面，采用 B11-Fc 作为一抗检测培养基上清液和沉淀中表达的野生型及其突变型 PCSK9 能否和目标抗体结合，采用 HRP 标记的鼠抗人（Mouse anti-human Fc）抗体作为二抗（1:5000 稀释）进行检测。

3.3.8.3　PCSK9 抗原物种特异性检测

新型抗体与不同物种 PCSK9 抗原之间的特异性检测（specificity test），其目的是初步考察抗体的特异性以及为在动物模型上开展体内药效学实验做准备。首先是抗原包被。分别取适量不同物种的抗原即人 PCSK9、食蟹猴 PCSK9 和小鼠 PCSK9，用 100 mmol/L NaHCO$_3$ 包被缓冲溶液分别将其稀释成 1 μg/mL，加入 ELISA 板，100 ng 每孔，4 ℃孵育过夜，每种抗原做三个复孔对照。第二天，取 ELISA 板，弃掉液体，用 0.5% 1 × PBST 溶液洗涤，200 μL 每孔，洗涤 5 次。其次是 BSA 封闭。每孔加入 200 μL 3% BSA 溶液，室温孵育 2 h；0.5% 1×PBST 洗涤 5 次，每次 200 μL 每孔。加入梯度稀释的 VHH 新型抗体，100 μL 每孔，室温放置 1 h；每孔加入 200 μL 0.5% 1 × PBST 洗涤 5～7 次，然后加入 3 000 倍稀释的 HRP 酶标二抗，100 μL 每孔，室温放置 1 h；每孔加入 200 μL 0.5% 1 × PBST，洗涤 5 次，加入 100 μL TMB 显色剂，室温避光放置 10 min，加入等体积 Stop solution，酶标仪读取 450 nm 处吸光值。这里需要说明的是，检测 VHH-B11 单域抗体时，包被的为 Fc 标签的抗原蛋白，二抗用的是 HRP 标记的 Mouse anti-6 × His IgG；而在检测 B11-Fc 抗原时，包被的是 his 标签的抗原蛋白，二抗用的是 HRP 标记的 Mouse anti-human Fc IgG。

3.3.8.4　细胞模型上的 LDL-uptake 实验

对抗体进行促进 LDL 代谢（LDL-uptake）功能的检测实验。共采用两种人肝癌细胞系（分别是 HepG2 和 Huh7 细胞系）验证新型抗体在体外细胞模型上抑制人 PCSK9 并促进 LDL 代谢的药效学功能。首先，取一块新的 96 孔细胞培养板，每孔铺种 5×10^5 个细胞，用添加 10% 的胎牛血清的 DMEM 高糖培养基去培养，培养时间 24 h；待细胞贴壁后，换液用不含血清只含 0.8% BSA 的 DMEM 培养基，血清饥饿 24 h。随后开始加药操作：本研究设计了多个组别，第一组为空白对照，即不加人 PCSK9 抗原也不加抗体；第二组为阴性对照，即只加 0.08 μmol/L 的人 PCSK9 抗原。其他几个组既加人 PCSK9 抗原，也加 VHH 新型抗体（包含三种剂量，分别是 0.375 μmol/L、0.75 μmol/L、1.5 μmol/L），37 ℃孵育细胞 1 h 后，加入 10 μL LDL-BODIPY，终浓度为 6 μg/mL，细胞接着继续孵育 3 h 后，用 1×DPBS 洗涤 3 次后，用荧光酶标仪检测 VHH 新型抗体促进 LDL-uptake 的水平。

3.3.9 羊驼新型抗体在大鼠模型上的药代和药效学评价

3.3.9.1 新型抗体在大鼠模型上的药物代谢研究

（1）药物代谢动力学测试。

项目在药效实验开展之前，为了初步研究新型抗体 VHH-B11 和 B11-Fc 在 SD 大鼠体内的代谢周期，首先做了基本的药物代谢动力学的实验。为了和药效实验保持一致，同样采用了 SD 大鼠品系，每种新型抗体受试动物为 3 只，以下是给药情况。给药剂量为 20 mg/kg，给药体积为 2 mL/kg，药物浓度为 5 mg/mL，给药前禁食 12 h，给药途径为尾静脉注射，新型抗体受试物纯度为电泳纯，纯度大于 90%。以下是采血时间点的分布：0 h、0.5 h、1 h、2 h、4 h、6 h、8 h、24 h、36 h、48 h、72 h、96 h、120 h、144 h 和 168 h 等，随后根据需要每隔 72 h 采一次血。每个点采集 150 μL 左右全血，3 000 r/min 离心 10 min 收集血浆约 70 μL。

（2）采用 SPR 技术测定血清中新型抗体随时间的残余变化情况。

实验步骤如下所述。

①对于单域抗体 VHH-B11 的大鼠给药组，我们采用的是直接偶联法，将人 PCSK9 抗原（用 10 mmol/L 醋酸钠，pH 值为 5.0 稀释至 20 μg/mL）直接偶联在 CM5 芯片通道 2 的表面，设置达到 5 000 RU 的高偶联水平，与此同时，以通道 1 为空白对照。血清经 10 倍或者 100 倍稀释后自动进样后，流经通道 1 和 2 的表面，在此期间和通道表面的抗原进行结合和解离，最后的亲和力结果由机器内置的评估软件自动给出。

②对于新型抗体 B11-Fc 融合蛋白的大鼠给药组，我们采用的是 Protein A 芯片捕获法，以期通过捕获血清中的 B11-Fc（设置捕获时间为 60 s），再流过 PCSK9 与之反应达到测定目的；设置反应温度为 Biacore T200 机器默认的 25 ℃，1 × PBST 为系统缓冲液，甘氨酸（pH 值为 2.0）为再生缓冲液，结合和解离时间分别设定为 120 s 和 60 s。PCSK9 抗原溶液进样后和通道表面的捕获的抗体进行结合和解离，最后的亲和力结果由机器内置的评估软件自动给出。

3.3.9.2 新型抗体在大鼠模型上的药效学研究

接下来，进行转基因高血脂大鼠模型的药效实验。为进一步确认 B11-Fc 在生物机体内的降血脂效果，我们委托江苏集萃药康公司构建了人 *PCSK9* 转基因 SD 大鼠，按照之前的文献报道的方法，这些 SD 大鼠是通过显微注射的方法将人 *PCSK9* 基因随机插入到大鼠胚胎的基因组中构建的，并采用 PCR 的方法来验

证人 *PCSK9* 基因在大鼠体内的存在。在正式实验开始之前，通过参阅文献及预实验证实，对于 SD 大鼠，选择每次注射剂量为 20 mg/kg 相对来说比较合适。饲喂高脂饲料 8 周诱导出大鼠高血脂模型，药效实验计划如图 3.3 所示。

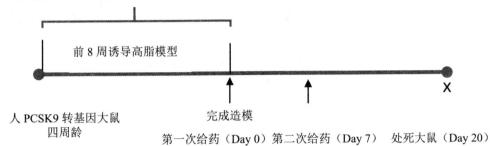

图 3.3　转基因高血脂大鼠模型的药效实验计划

将 48 只 4 周龄 *hPCSK9* 转基因 SD 大鼠根据体重随机分为 6 个组，每组 8 只：分别包含 4 组人 *PCSK9* 转基因大鼠和两组正常大鼠的对照组。在 4 组转基因大鼠中，3 组饲喂高脂饮食并分别在尾静脉注射 PBS、Evolocumab 和 B11-Fc 阳性药物；剩下 1 组转基因大鼠饲喂正常饮食，分别将它们命名为 Tg+_high fat_PBS、Tg+_high fat_Evolo、Tg+_high fat_B11-Fc 和 Tg+_normal diet。设置两个正常 SD 大鼠的对照组，第一组 SD 大鼠饲喂正常饮食，第二组 SD 大鼠饲喂高脂饮食，且注射阳性药物 Evolocumab，2 组分别取名为 SD_normal diet group 和 SD_high fat_Evolo。表 3.10 为药效实验动物的分组情况。在正式药效实验中，分别在第 0 天和第 7 天两次给药；分别在第 0、5、11、17 和 20 天采血；用血液生化分析仪来测量总胆固醇 CHOL 和 LDL-c 水平，在第 20 天处死大鼠。

表 3.10　药效实验动物的分组情况

组别	命名
转基因大鼠阴性对照组（PBS）	Tg+_high fat_PBS
转基因大鼠阳性药物组（20 mg/kg）	Tg+_high fat_Evolo
转基因大鼠 B11-Fc 组（20 mg/kg）	Tg+_high fat_B11-Fc
转基因大鼠正常饮食组	Tg+_normal diet
SD 大鼠正常饮食对照组	SD_normal diet group
SD 大鼠高脂饮食阳性药物组	SD_high fat_Evolo

检测指标如下所述。

体重：每天检测体重，了解体重变化情况。

血清生化指标检测：每天固定时间采血（给药之前，早上 9 点左右），取血后 3 000 r/min 离心 10 min 分离血清（分装两份），-20 ℃冻存，血生化仪测量血清中总胆固醇（CHOL）、低密度脂蛋白（LDL-c）水平。

药物代谢测试：基于 SPR 技术检测血清中单域抗体 VHH-B11 和新型抗体 B11-Fc 的水平。

3.3.10 羊驼新型抗体的稳定性评价和人源化改造

3.3.10.1 羊驼新型抗体在室温下储存稳定性的测试

作为蛋白药物，通常情况下，都要在低温的条件下进行保存和运输，如果可以在常温条件下储存和运输，就可以极大地节省这方面的成本，为此，我们对新型抗体进行了常温下的储存稳定性实验。具体来讲，就是将新型抗体用 1 × PBS 缓冲液稀释至 1 mg/mL，再等分为 5 份，将其同时放在室温条件下储存，每隔三周的周末作为一个时间点取出一份，并速冻至 -80 ℃冰箱中，时间点的设置如下，分别在第一、第四、第七、第十和第十三周的周末取样。

全部时间点采样结束后，使用 Biacore T200 测定蛋白样本在储存的各个时间点的亲和力变化情况。基本步骤如下：采用 Protein A 芯片，基于捕获法测定各个时间点所采样本和 PCSK9 抗原之间的亲和力。将 B11-Fc 抗体蛋白用 1 × PBS 稀释至 1 μg/mL，将其捕获在通道 2 达到约 250 RU 的水平，且将通道 1 作为空白对照。将 100 nmol/L 的 hPCSK9 进样，结合 180 s，解离 240 s。类似的，也使用甘氨酸（pH 值为 2.0，100 mmol/L）作为再生溶液。同样地，设置仪器在室温 25 ℃条件下测定亲和力。

3.3.10.2 羊驼新型抗体在不同反应温度条件下的稳定性实验

因人体的温度范围基本上处于 35 ~ 40 ℃，除了 25 ℃室温反应条件外，有必要对抗体在 37 ℃和 40 ℃的热反应稳定性进行测试；另外，我们也测试了抗体在低温（4 ℃）反应条件下的亲和力。基本步骤如下：将机器反应温度分别设置为 4 ℃、37 ℃和 40 ℃，等机器预冷或者预热到设置反应温度以后，采用 Protein A 芯片基于捕获法测定不同反应温度下各个样本和 PCSK9 抗原之间的亲和力。将 B11-Fc 抗体蛋白用 1 × PBS 稀释至 1 μg/mL，将其捕获在通道 2 上达到约 250 RU 的水平，且将通道 1 作为空白对照。将五个梯度浓度（100 nmol/L、

50 nmol/L、25 nmol/L、12.5 nmol/L 和 6.25 nmol/L）的 hPCSK9 抗原进样，结合 240 s 和解离 260 s。类似的，也使用甘氨酸（pH 值为 2.0，100 mmol/L）作为再生溶液。

3.3.10.3　羊驼新型抗体分子的人源化改造实验

除了 Fc 区域使用人 IgG Fc4 的策略外，为降低进一步降低 B11-Fc 的免疫原性，我们对 B11-Fc 的可变区段—纳米抗体 VHH-B11 也进行了人源化的改造摸索，重点关注的是 VHH 的三个框架区（frameworks）一些氨基酸的优化，而可变区（CDR）的氨基酸保持不变，如表 3.11 所示，我们设计合成了五个 VHH-B11 的 FR 区氨基酸突变体（VHH-Z1 ~ Z5）和一个全人源的框架区的 VHH-Hu 突变体作为对照，其中 VHH-Hu 指的是将 VHH-B11 的三个框架区内全部的"突变热点"氨基酸（粗体）完全替换为人的框架区的氨基酸（斜体），并使用 HEK293e 哺乳细胞进行表达。其中，质粒的制备、细胞转染、蛋白表达和纯化的步骤同本章 3.3.6 节所述内容。

使用上述纯化后的突变体蛋白测定其和 PCSK9 之间的亲和力。基本步骤如下：采用偶联有 Mouse anti-his antibody 的芯片，基于捕获法测定各个突变体蛋白和 PCSK9 抗原之间的亲和力。将各个抗体蛋白用 1 × PBS 稀释至 1 μg/mL，将其捕获在通道 2 达到约 250 RU 的水平，且将通道 1 作为空白对照。将五个梯度浓度（100 nmol/L、50 nmol/L、25 nmol/L、12.5 nmol/L 和 6.25 nmol/L）的 hPCSK9 抗原进样，色设置结合时间为 180 s，解离时间为 240 s。类似的，也使用甘氨酸（pH 值为 2.0，100 mmol/L）作为再生溶液，默认在 25 ℃ 条件下测试。

3.3.11　统计分析方法

本研究的数据采用的是 GraphPad Prism 5 软件对数据资料进行绘图和统计检验分析，对需要计量的数据采用的是 One-Way ANOVA（单因素方差）分析方法，$P < 0.05$ 具有显著性意义（其中用 * 表示 $P < 0.05$，用 ** 表示 $P < 0.01$，用 *** 表示 $P < 0.001$，用 ns 表示 no significant 即无显著差异）。

表 3.11　抗 PCSK9 新型抗体的人源化分子改造

名称	FR1 区	FR2 区	FR3 区
VHH-B11	QVQLQESGGGSVQAGGSLRLSCTVS	WFRQAPGKEHEGVA	RFTISQDNAKNTVYLQMNSLKPEDTAMYYCAV
VHH-Hu	EVQLLESGGGLVQPGGSLRLSCAAS	WVRQAPGKGLEWVS	RFTISRDNSKNTLYLQMNSLRAEDTAVYYCAV
VHH-Z1	EVQLLESGGGLVQPGGSLRLSCTVS	WFRQAPGKEHEGVS	RFTISRDNSKNTLYLQMNSLRAEDTAVYYCAV
VHH-Z2	EVQLLESGGGLVQPGGSLRLSCAAS	WFRQAPGKEHEGVS	RFTISQDNSKNTLYLQMNSLRAEDTAVYYCAV
VHH-Z3	EVQLLESGGGLVQPGGSLRLSCAAS	WFRQAPGKEHEGVA	RFTISQDNAKNTLYLQMNSLRAEDTAVYYCAV
VHH-Z4	EVQLLESGGGLVQPGGSLRLSCAAS	WFRQAPGKEHEGVS	RFTISQDNAKNTLYLQMNSLRAEDTAVYYCAV
VHH-Z5	EVQLLESGGGLVQPGGSLRLSCAAS	WFRQAPGKEHEGVS	RFTISQDNSKNTVYLQMNSLRAEDTAVYYCAV

注：VHH-B11 指的是原先筛选出来的野生型抗体；VHH-Hu 指的是将 VHH-B11 的三个框架区内全部的"突变热点"氨基酸（粗体）完全替换为人的框架区的氨基酸（斜体）；VHH-Z1~Z5 是五个 VHH-B11 人源化突变体，它们分别替换不同"热点"位置的氨基酸，即表中用斜体表示的氨基酸为保持 VHH-B11 野生型里的氨基酸不变，而粗体标识的为换不同替换"热点"位置的氨基酸。

3.4　实验结果

3.4.1　羊驼免疫后血清转阳测试和效价测定

为检测羊驼经多次免疫后体内是否产生抗人的 PCSK9 特异性抗体，以及抗体的效价水平是否满足筛选抗体的需要，我们进行了间接 ELISA 检测羊驼血清的效价水平。如图 3.4 所示，羊驼外周血血清中在第 2 次免疫后即产生了针对 PCSK9 的抗体（称为"血清转阳"，用"#"表示）；在末次免疫后，羊驼外周血清的效价高达 1 : 1562500。结果显示，该羊驼的抗体免疫组库可以用于筛选抗 PCSK9 高特异性和高亲和力抗体。

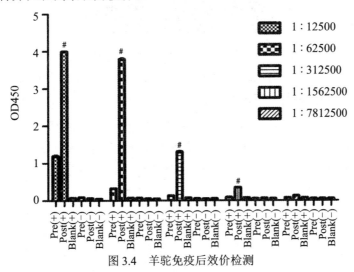

图 3.4　羊驼免疫后效价检测

注：横坐标五个分组代表的是羊驼血清五个不同的稀释度；纵坐标代表的是 OD450 吸光值。（+）和（－）代表的是是否包被人 PCSK9 抗原在 ELISA 板子上；"Pre"指的是在免疫前采得血，"Post"指的是末次免疫后一个月时采得血；"Blank"指的是 ELISA 实验中的空白对照 PBS 注射组。"#"指的是血清学阳性（免疫后血清 / 免疫前血清 OD450 比值 ≥ 2.1）。

3.4.2　羊驼 IGH 免疫组库建库、测序和数据分析

3.4.2.1　羊驼 PBMC 总 RNA 的提取

按照上述 3.3.2 所述的氯仿－异丙醇方法提取总 RNA 后，总共有三管，利用 2% 琼脂糖凝胶电泳检测 RNA 完整性和质量，如图 3.5 所示，总 RNA 在泳道上 1 800 bp、900 bp 和 200 bp 的位置显示出三个主带，从上往下分

别是 28S、18S 和 5S 的条带，28S/18S 比值约 2∶1，显示 RNA 完整性良好。用 Nanodrop 8000 检测 RNA 的浓度，三管 RNA 的浓度为 0.742 1 μg/μL，1.225 4 μg/μL 和 1.145 8 μg/μL，体积均为 20 μL。

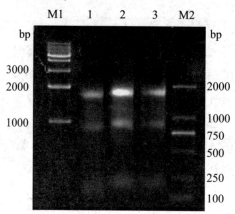

图 3.5　羊驼实验总 RNA 完整性检测

注：泳道 M1：1 kb 分子量标准；泳道 M2：DL2000 分子量标准；泳道 1～3：总 RNA。

3.4.2.2　羊驼免疫组库建库的第一轮 PCR

PCR 产物用 2% 的琼脂糖凝胶电泳检测 PCR 产物，检测结果见图 3.6，结果显示羊驼 cDNA 样本均正确扩增出重链抗体片段（约 750 bp 处），切胶回收 750 bp 处附近的条带，胶回收流程参照 QIAGEN II Gel Extraction kit 操作说明书。回收产物 ddH$_2$O 溶解。

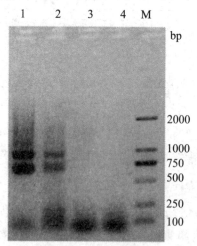

图 3.6　第一轮 PCR 反应产物琼脂糖凝胶电泳胶

注：泳道 M：DL2000 分子量标准；泳道 1~2：cDNA 扩增第一轮 PCR 产物；泳道 3~4：空白。

3.4.2.3　羊驼免疫组库建库的第二轮 PCR

DNA 产物用 2% 的琼脂糖凝胶电泳检测 PCR 产物，结果见图 3.7，结果显示，目的 VHH 基因片段在 450 bp 处，切胶回收目的条带，即免疫后抗原亲和力单域抗体 VHH 文库。回收产物经 Nanodrop 2000 测定浓度和纯度后，进行安捷伦 2100 浓度检测，合格后在 Hiseq 2500 测序仪上按照 PE250 的策略进行 NGS。

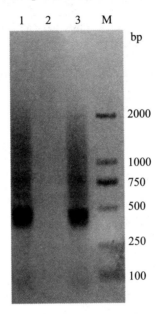

图 3.7　第二轮 PCR 反应产物琼脂糖凝胶电泳胶

注：泳道 M：DL2000 marker；泳道 2：空白；泳道 1、3：羊驼 cDNA 扩增第二轮 PCR 产物。

3.4.2.4　羊驼免疫组库 NGS 测序和数据分析

下机 Raw data 进行质控和过滤后，进行双末端测序读长数据的拼接，继而对每条克隆序列进行详尽的 Ig-blast 比对和分析，提取抗体组库中不同克隆的丰度信息，另外提取负责与抗原表位结合的 CDR3 的长度和序列信息。使用 FastQC 软件检查下机数据的质量（http://www.bioinformatics.babraham.ac.uk/projects/fastqc/），接下来使用深圳华大生命科学研究院研发的 SOAPnuke 软件对数据进行过滤。将过滤后的测序数据保存为 FASTQ 格式。接下来将双末端测序数据拼接成完整的测序读长，表 3.12 是拼接情况的统计。

表 3.12 双末端测序读长的拼接结果统计

样品编号	双端 reads 数目	双端 reads 拼接率 /%	拼接后比对率 /%
免疫前	2 720 637	2 670 259（98.15%）	2 663 998（97.92%）
第一次免疫	3 264 261	3 203 455（98.14%）	3 196 426（97.92%）
第二次免疫	2 795 979	2 738 247（97.94%）	2 732 708（97.74%）
第三次免疫	3 141 340	3 085 659（98.23%）	3 080 393（98.06%）

注：reads 指的是测序读长；双端 reads 拼接率（%）指的是下机成对的双末端测序读长拼接成完整测序读长的比率；拼接后比对率（%）指的是双末端 reads 拼接成完整读长后能成功比对到胚系基因上的比率。

在基因组层面，编码抗体（B cell repertoire，简称 BCR）的基因群在胚系基因水平是以数量众多的 V 基因、D 基因和 J 基因片段的形式存在的，在 B 细胞的分化发育过程中，BCR 基因片段通过 V-D-J（重链）/V-J（轻链）基因重排的机制，发生重新排列和组合最终形成成熟的浆细胞的抗体基因，并在重排过程中引入体细胞的高频突变，显著增加了免疫组库的多样性。因此，通过序列比对获得免疫组库中每条抗体的丰度、结构分区（框架区 / 互补决定区）信息以及突变信息等，才能准确提取与亲和力成熟有关的数据特征，用于后续分析。将序列上传至 IMGT/V-QUEST 网站进行 V 基因和 J 基因的比对，能成功比对的克隆占比 97% 以上。

3.4.3 羊驼血清抗体的预处理，质谱上机以及数据分析

3.4.3.1 羊驼血清多抗的样本处理

将用 Protein G 亲和柱子以及 PCSK9 亲和纯化柱纯化得到的特异性抗体抗体浓度浓缩至约 1 mg/mL，总质量约 1.2 mg，然后分别取 4 份 20 μg 亲和抗体，加入 5 × Non-reducing protein loading buffer，100 ℃ 煮 5 min，采用 SurePAGE™，Bis-Tris 4% ~ 20% SDS-PAGE 预制胶进行电泳，设置电泳条件为 140 V，40 ~ 50 min。电泳检测结果如图 3.8 所示。这里要说明的是，因羊驼体内产生的对 PCSK9 的特异性抗体不仅有重链抗体，也有传统抗体，所以有必要进行切胶纯化。电泳跑胶后切取抗原亲和纯化的重链抗体条带（65 ~ 80 ku），并对处于这一区域的胶块进行溶解和纯化，最后进行酶解后上 MS 检测。

3.4.3.2 MS 下机数据分析和抗体序列筛选

酶电子酶解程序，从末次免疫后的 NGS 得到的免疫组库数据分析中获得

了 1 836 731 条没有冗余的抗体克隆蛋白序列数据库，对此序列数据库我们进行电子酶解，最终获得了 6 930 011 条经过胰蛋白酶电子酶解的非冗余数据库。并使用 MS-GF+ 软件的"BuildSA"模块，建立了目标数据库和诱饵数据库的索引。我们结合免疫组库和 MS 数据分析来筛选抗体序列，具体来说，以同一个时间点的样本建立起来的免疫组库的 NGS 测序数据为参考，通过 MS 法共鉴定到 14 种独有肽（丰度 ≥ 1）支持的有效的 VHH 抗体序列（如果某条独有肽对应的 VHH 克隆有多条，我们综合考虑 VHH 克隆在免疫组库中的丰度，独有肽在 CDR 区域的覆盖度等因素判断出独有肽对应的最有可能的 VHH 克隆），如表 3.13 所示统计了 MS 法鉴定到的独有肽序列、个数、所在免疫批次、对应的 VHH 克隆的 CDR3 序列以及突变率，其中 VHH03 克隆拥有最高的突变率约 15.09%，而 VHH01、VHH02 和 VHH04 ~ VHH08 这 7 条克隆的独有肽的个数（鉴定到的次数）均 ≥ 10，从中筛选这 8 条 VHH 克隆（VHH01 ~ VHH08）进行基因合成和表达，并进行亲和力测定；鉴定到的 14 条基因的全长 VHH 序列信息和 VJ 基因使用信息如表 3.14 所示。

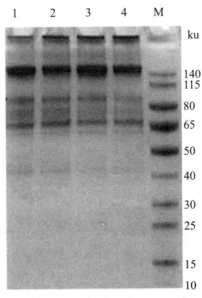

图 3.8　羊驼血浆样本中 PCSK9 特异性抗体的亲和纯化后检测

注：泳道 1 ~ 4，血浆 PCSK9 亲和纯化多克隆抗体，泳道 M，蛋白分子量标准；取 5 mL 血浆进行 PCSK9 抗原亲和纯化，纯化后抗体取四份，每份 20 μg 进行电泳分离，切取 65 ~ 80 ku 重链抗体进行后续实验。

表 3.13 基于高通量测序和质谱的方法鉴定到的独有肽信息

质谱鉴定独有肽	个数	所在免疫批次	突变率/%	命名	CDR3 序列
NTVNLQMSSLKPK	21	第三次免疫	10.39	VHH01	CAQGWGGASDWALQPRRYNYW
INSLKPEDTARY	270	第一次免疫	13.73	VHH02	CGRGFSKGLGPNCQYNFSGRGTEVTVSPSS
RVGGASGWGAVAALATR	1	第一次免疫	15.09	VHH03	CAQDPRRVGGAVGWGAVAALATR
VVSMGWYRRPPEK	10	第二次免疫	14.61	VHH04	CMISRKKVDPGSWWDWDYW
VKGGLTVSRDNVKNTVY	34	第一次免疫	12.63	VHH05	CTAYPPGVAPAQCPIEAMVDYW
IGQGTQVTVI	155	第一次免疫	13.65	VHH06	CAILGDEFCFPWRGEYHYI
IGQGTQVTVI	51	第二次免疫	12.23	VHH07	CTVGAYGYCEGSWSSGYNYI
GVYLQMNALHPEDTAR	825	第二次免疫	13.96	VHH08	CNAVCGGRTKWAANYW
KSRDNAKNIVYL	1	第一次免疫	9.48	VHH09	CATVRLGYLCDFRDGGWASW
VNSVKCRF	1	第三次免疫	8.95	VHH10	CAARGDYYCRGRGAASFDYW
GPTTSGKGQGTQVTVK	2	第一次免疫	9.74	VHH11	CALGLGPTTSGK
IGQGTQVTVI	1	第二次免疫	10.51	VHH12	CAARFGNACFWSGKTSVQYSYI
IGQGTQVTVI	2	第三次免疫	14.29	VHH13	CAIAYRAKCYTNPTLRPLEYRYI
GVYLQMNALHPEDTAR	2	第二次免疫	14.29	VHH14	CKAVCGGRTKWAANYW

表 3.14 基于高通量测序和质谱的方法鉴定到的羊驼单域抗体序列

命名	序列 (5'-FR1-CDR1-FR2-CDR2-FR3-CDR3-FR4-3')	V 基因	J 基因
VHH01	DVQLVESGGGSVQAGGSLTLSCVVS-GYRGQKIC-TGWFRQFPGMEREAVAR-ILPRGPNT-QYTDSVK GRFTISQDAAKNTVNLQMSSLKPKDTAMYYC-AQGWGGASDWALQPRRYNY-WGQGTQVTVSS	IGHV1S45*01	IGHJ4*01
VHH02	EVQLVESGGGLVQPGGSLRLSCAAS-GFTFSSYW-VYWVRQAPGKGLEWVSS-IYTGGGST-YYAD SVKGRFTISKDNAKNTLYLQMNSLKPEDTARYYC-GRGFSKGLGPNCQYNFSGRGTEVTVSPSS- GRGTQVTVSTQVTVS	IGHV1S32*01	IGHJ6*01
VHH03	HVQLVESGGGDSVQAGETLTLSCTAS-GFTVDGSD-MGWYRQGPGNECELVSA-ISSDDYT-LYADSVKG RFILSQDSARNTMYLQLNSLKTEDTAMYYC-AQDPRRVGGAVGWGAVAALATR-GQGTQVTVSS	IGHV1S72*01	IGHJ4*01
VHH04	HVQLVESGGGSVQAGGSLRLSCVWS-GYTYRVVS-MGWYRQPPEKEREFVSS-LVTGDPA-YYPDSVK GRFTISQDNAQNTVWLQMDNLKPEDTAKYYC-MISRKKVDPGSWWDWDYW-SQGTQVTVSP	IGHV1S55*01	IGHJ4*01
VHH05	HVQLVESGGGSVQAGETLRLSCTAS-GFTFANAE-MGWYRQAPGKKCEKVSS-ISSDGTG-GYADFVKG RLTVSRDNVKNTVYLHMNSLKVEDTAVYYC-TAYPPGVAPAQCPIEAMVDYW-GQGTQVTVSS	IGHV1S72*01	IGHJ4*01
VHH06	DVQLVESGGGSVQSGGSLRLSCAAI-GATYNYEC-MGWFRQAPGKGREGLAT-INSDGDT-SYADSVKG RFIIARDNGENRVNLEMNSLKPEDTAMYYC-AILGDEFCFPWRGEYHYI-GQGTQVTVSS	IGHV1S50*01	IGHJ4*01
VHH07	HVQLVESGGGSVQSGGSLRLSCAVS-GYSVGSNW-MAWFRQGPGKAREGVAG-IDKDGRT-TYTDSAE GRFTISRDNARNTLYLQMNSLTPEDSAMYYC-TVGAYGYCEGSWSSGYNYI-GQGTQVTVSS	IGHV1S50*01	IGHJ4*01

续表

命名	序列 (5′-FR1-CDR1-FR2-CDR2-FR3-CDR3-FR4-3′)	V 基因	J 基因
VHH08	HVQLVESGGGSVRAGGSLRLSCARS GRPYGTCT-MAWYRQAPGKERELVSS-IENEGTT-HYMESVKD RFTISQDNDKKGVYLQMNALKPEDTARYYC-NAVCGGRTKWAANYW-GQGTQVTVS	IGHV1S55*01	IGHJ4*01
VHH09	AVQLVESGGGSVQAGGSLRLSCAAS GYTFSSYA MGWFRQAPGKECELVST IISDGST NYADSVKGRF TISRDNAKNIVYLQMNSLKPEDTGTYSC ATVRLGYLCDFRDGGWAS WGQGTQVTVSS	IGHV1S72*01	IGHJ4*01
VHH10	HVQLVESGGGLVQAGGSLRLSCTAP EFTSSRCG MEWYRQAPGKEREFVSS ISPDGIT RYVNSVKCRF TISQDNAKNMLYLQMNSLKPEDTAMYYC AARGDYYCRGRGAASFDY WGQGTQVTVSS	IGHV1S68*01	IGHJ4*01
VHH11	HVQLVESGGGSVLSGGSLRLSCVAS EFRNNTFC MAWVRQAPGKGLEWVSG VRYGGSTA YADSVKG RFTISRDNAKNTLYLQLNSLKPEDTAMYYC ALGLGPTTSG KGQGTQVTVSS	IGHV1S17*01	IGHJ4*01
VHH12	HVQLVESGGGSVQAGGSLRLSCKYS GYSVNSDC VGWFRQAPGKGREGVAR IYTGAGRT FYTETVK GRFTISRDNAQNTLYLQMDSLKPEDTAMYYC AARFGNACFWSGKTSVQYSY IGQGTQVTVSS	IGHV1S45*01	IGHJ4*01
VHH13	HVQLVESGGGSVRAGGSLRLSCSIS PAISHRNC MAWFRQVPGNEREGVAA FGRDGST AYSDSVRGRF TISRDNAKNTLYLQMNSLASEDTGMYYC AIAYRAKCYTNPTLRPLEYRY IGQGTQVTVSS	IGHV1S50*01	IGHJ4*01
VHH14	HVQLVESGGGSVQAGGSLRLSCARS GRPYGTCT MAWYRQAPGKERELVSS IENEGTT HYMESVKD RFTISQDNDKKGVYLQMNALKPEDTARYYC KAVCGGRTKWAANY WGQGTQVTVSS	IGHV1S55*01	IGHJ4*01

3.4.4　基于 NGS 和 MS 法筛选到的羊驼抗体的亲和力评价

3.4.4.1　基于 NGS 和 MS 法筛选到的羊驼抗体的表达和纯化

为增加单域抗体的亲和力和稳定性，将筛选出来的八条单域抗体 VHH 的基因序列融合至羊驼本身的 Fc 区即获得重组的羊驼重链抗体（heavy chain antibody，简称 HcAb）的融合基因序列，依次对应命名，如 VHH01 对应 HcAb-1。然后优化密码子使用偏好性，接着在基因合成时直接将抗体基因克隆至哺乳细胞表达载体 pCDNA3.4 后，用人哺乳细胞表达系统 HEK293T 细胞表达，亲和纯化 HcAb 后取 30 μL 蛋白溶液，加入 5 倍蛋白变性上样溶液后，100 ℃煮沸 5 min，用 4%～20% SDS-PAGE 梯度胶跑胶检测抗体蛋白表达情况，如图 3.9 所示，其中 HcAb-2 和 HcAb-3 表达量较低，其余 HcAb 表达量相对来说较为正常。表 3.15 为羊驼重链抗体（HcAb）的表达和纯化情况统计。

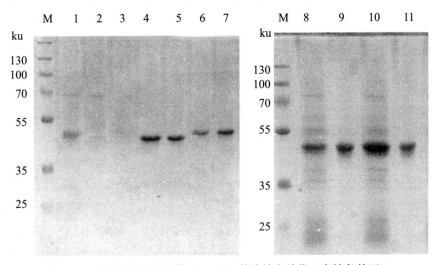

图 3.9　羊驼重组重链抗体（HcAb）的表达和纯化（变性条件下）

注：泳道 M，核酸分子量；泳道 1：HcAb-1；泳道 2，HcAb-2；泳道 3，HcAb-3；泳道 4，HcAb-4-1；泳道 5，HcAb-4-2；泳道 6，HcAb-5；泳道 7，HcAb-6；泳道 8：HcAb-7 纯化时流穿溶液；泳道 9：HcAb-7 纯化抗体；泳道 10：HcAb-8 纯化时流穿溶液；泳道 11：HcAb-8 纯化抗体；所有的 HcAbs 均由哺乳细胞 HEK 293T 表达。

表 3.15　羊驼重链抗体（HcAb）的表达和纯化情况统计

抗体名称	电泳检测纯度	浓度 /（mg·mL^{-1}）	质量 /μg
HCAb-1	80%	0.339 0	372.9

续表

抗体名称	电泳检测纯度	浓度 /（mg·mL⁻¹）	质量 /μg
HCAb-2	80%	0.109 5	76.6
HCAb-3	70%	0.036 5	36.5
HCAb-4	90%	0.377 5	3 397.5
HCAb-5	90%	0.124 0	86.8
HCAb-6	90%	0.440 0	176.0
HCAb-7	90%	0.410 0	2 050.0
HCAb-8	90%	0.880 0	704.0

3.4.4.2　基于 NGS 和 MS 法筛选到的羊驼抗体的亲和力检测

如图 3.10 所示，是对基于结合 NGS 和 MS 技术筛选得到的八个重组 HcAb 抗体与 PCSK9 结合力的 ELISA 检测结果，八个重组重链抗体的起始浓度均为 1 μg/mL，2 倍梯度稀释七次至 15.625 ng/mL，图中每个抗体的直方柱从左到右依次分别代表 1 000 ng/mL、500 ng/mL、250 ng/mL、125 ng/mL、62.5 ng/mL、31.25 ng/mL 和 15.625 ng/mL，以 PBS 和无关抗体（1 μg/mL）作为两组阴性对照（negative control，NC），以 PCSK9 的阳性抗体（1 μg/mL）作为阳性对照（positive control，PC），如图 3.10 所示，与 NC 阴性对照相比，仅有 HcAb-1 和 HcAb-8 两个重链抗体呈现强阳性，而 HcAb-2 和 HcAb-7 仅呈现弱阳性，其他抗体均与人抗原 PCSK9 几乎不反应。我们选取 HcAb-1 和 HcAb-8 抗体进行下一步的亲和力的鉴定。

采用 Biacore T200 仪器测定进一步测定 HcAb-1 和 HcAb-8 抗体与人 PCSK9 抗原蛋白的亲和力数值，如表 3.16 显示它们二者之间的亲和力 K_D 分别 $4.994×10^{-8}$ mol/L 和 $2.557×10^{-7}$ mol/L，其中 HcAb-1（即 VHH01-llama Fc）亲和力处于约 50 nmol/L 级别，可以作为下一步研究的候选抗体。

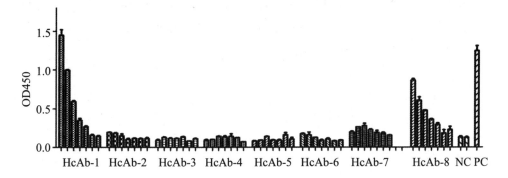

图 3.10　ELISA 检测羊驼重链抗体与人 PCSK9 结合力

注：横坐标分组为八个重组重链抗体（HcAb 1 ~ 8），阴性对照（negative control，NC）以及阳性对照（positive control，PC）；纵坐标为 OD450 吸光值；每个抗体的直方柱从左到右依次分别代表 1000 ng/mL、500 ng/mL、250 ng/mL、125 ng/mL、62.5 ng/mL、31.25 ng/mL 和 15.625 ng/mL，以 PBS 和无关抗体（1 μg/mL）作为两组 NC 对照，以 PCSK9 的阳性抗体（1 μg/mL）作为 PC 对照。

表 3.16　羊驼重链抗体与人 PCSK9 亲和力检测

抗体名称	k_{on}/ms^{-1}	k_{off}/s^{-1}	$K_D/$（$nmonl \cdot L^{-1}$）	R_{max}/RU
HcAb-1	$1.791×10^4$	$8.943×10^{-4}$	49.94	6.455
HcAb-8	$0.642×10^4$	$1.640×10^{-3}$	255.7	7.385

注：k_{on} 和 k_{off} 分别指的是新型抗体与人 PCSK9 抗原相互作用过程中结合速率和解离速率。K_D 为测定的亲和力值，是由计算公式 $K_D = k_{off}/k_{on}$ 得来的。R_{max} 指的是最大响应值。本实验是在 25 ℃条件下进行测试的。

3.4.5　基于噬菌体展示法筛选羊驼抗体及其亲和力评价

3.4.5.1　基于噬菌体展示法初步筛选羊驼抗体

对基于噬菌体 ELISA 初筛得到的 OD450 值 ≥ 2.1 的 22 个抗体表达菌株的破菌上清液（实验孔 OD450 值 / 对照孔 OD450 值 ≥ 2.1 判定为阳性），基于 Biacore 的 SPR 技术，进行了亲和力动力学筛选，结果如图 3.11 所示：纵坐标为表达单域抗体的破菌上清液进样后和 CM5 芯片表面的 PCSK9 蛋白结合值，横坐标为表达单域抗体的破菌上清液进样后和 CM5 芯片表面的 PCSK9 解离之后的稳定值，这两个参数与单域抗体和 PCSK9 的亲和力成正比，值越大，亲和力越大，由图 3.11 可见，处于右上角的 VHH-B11、VHH-H12、VHH-A6 和 VHH-G8 相对来说拥有较强的亲和力，经过 Sanger 测序后获得其核酸序列，信息统计列表如表 3.17 所示，四个抗体拥有不同的 VHH 序列。

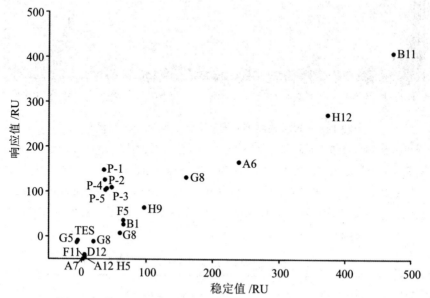

图 3.11　单域抗体上清液与 PCSK9 亲和力动力学筛选结果示意图

注：横坐标指的是抗体与 PCSK9 解离反应后的稳定值，单位是 RU；纵坐标指的是抗原抗体的结合或者结合时的响应值，单位是 RU。每个点代表进样一种抗体。本实验的亲和力是在 25 ℃的反应条件下测试得到的。

3.4.5.2　基于噬菌体法筛选出来的抗体的表达和纯化

对 Phage display 法筛选出的单域抗体以及基于单域抗体设计得到的多种新型抗体进行表达和纯化；根据抗体类型的不同使用三种不同的表达载体，大肠杆菌表达载体 *pMECS-VHH*、酵母表达载体 *pPICZα-VHH* 和哺乳细胞表达载体 *pcDNA3.4-VHH* 的结构示意图对比如图 3.12 所示，其中在送交基因合成时，会直接将单域抗体 VHH、双价抗体、三价抗体或者其 VHH-Fc 融合蛋白的基因插入在各个表达载体的多克隆位点之间；具体而言，对于大肠杆菌表达载体 *pMECS*，是插入在了 *Pst* Ⅰ和 *Not* Ⅰ两个酶切位点之间，对于酵母表达载体 *pPICZα*，是插入在了 *EcoR* Ⅰ和 *Xba* Ⅰ两个酶切位点之间，对于哺乳细胞表达载体 *pcDNA3.4*，是直接克隆在 *Pcmv* 启动子后面，载体构建完成后分别 Sanger 测序合格备用。大量制备无内毒素质粒后进行感受态细胞的转化或者哺乳细胞的转染，构建大肠杆菌、酵母和哺乳细胞表达系统。

表 3.17　基干噬菌体 ELISA 和亲和动力学筛选得到的单域抗体序列

命名	序列（5'-FR1-CDR1-FR2-CDR2-FR3-CDR3-FR4-3'）	V 基因	J 基因
VHH-B11	EVQLVESGGGSVQAGGSLRLSCTVS-GYTYSSNC-MGWFRQAPGKEHEGVAS-IYIGGGST-YYADSVKGRFT ISQDNAKNTVYLQMNSLKPEDTAMYYC-AVGCQGLVDFGY-WDQGTQVTVSS	IGHV3S40	IGHJ6
VHH-H12	GGGLVQAGGSLRLSCAAS-RSTFSGYA-MAWFRQAPGKEREFVAC-IEREIPGHPAWSGLT-YYADSKKGRFTI SRDNAKNTVYLQMNSLKPEDTAVYYC-AAGLKYPAQKHYDYDY-WGQGTQVTVPS	IGHV3S56	IGHJ4
VHH-A6	PGAAAGVGGGSVQAGGSLRLSCAAS-RYTDRTRC-IAWFRQVPGKEREGVAC-LDRAGGQS-AYADSAKGRF TVSQDNAGNTVYLQMDNLIPEDSAMYYC-AAAGVGQWYTCLQKFIRDKRSFAN-WGQGTQVTVSS	IGHV3S9	IGHJ4
VHH-G8	DVQLVESGGGSVQAGGSLTLSCVVS-GYRGQKIC-TGWFRQFPGMEREAVAR-ILPRGPNT-QYTDSVKGRFT ISQDAAKNTVNLQMSSLKPKDTAMY-CAQGWGGASDWALQPRRYNY-WGQGTQVTVSS	IGHV3S60	IGHJ4

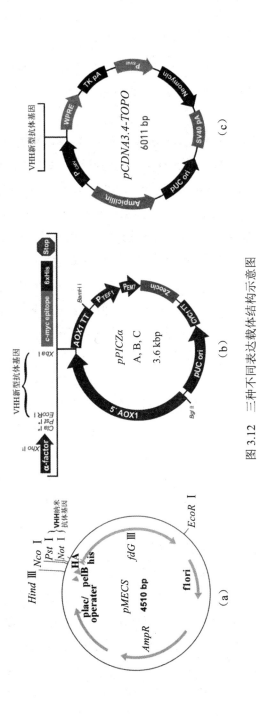

图 3.12　三种不同表达载体结构示意图

（a）pMECS 是大肠杆菌表达载体，同时也是 Phage display 单域抗体 VHH 用载体；（b）pPICZα 是酵母表达载体；（c）pCDNA3.4-TOPO 是哺乳细胞表达载体

　　将不同表达系统表达纯化得到的单域抗体 VHH-B11（使用三种表达系统都有表达）、二价抗体 VHH-VHH（使用酵母表达）、三价抗体 VHH-VHH-VHH（使用 HEK293T 表达），以及 VHH-Fc（使用 HEK293T 表达），从 -20 ℃冰箱取出这些蛋白融化后取 40 μL 后加入 5 倍非变性蛋白上样溶液 10 μL，混匀后短暂离心，放入 100 ℃水浴中煮沸裂解 10 min 选用 4%～20% 的 SDS PAGE 预制胶进行蛋白上样。

　　我们用大肠杆菌、酵母以及 HEK293T 细胞中均表达了单域抗体，图 3.13(a) 泳道 1 显示 TG1 大肠杆菌表达的单域抗体 VHH-B11 在非变性的条件下，出现在约 17 ku 条带的位置，然而在 55～70 ku 附近出现很多杂带。泳道 2 是不同批次 TG1 大肠杆菌表达的 VHH-B11 在非变性的条件下跑胶检测情况，单域抗体异常出现在 26 ku 条带附近。泳道 3 为空白对照。结果显示，大肠杆菌表达系统表达的单域抗体中杂蛋白偏多（亦可能是单域抗体的异常二聚体或者多聚体），不宜扩大规模使用，究其原因可能有：大肠杆菌的胞内表达相比胞外分泌表达，胞内的杂蛋白更多；经 IPTG 诱导后的大肠杆菌表达蛋白的速度过快，导致目的蛋白不正确折叠，或者量过多导致蛋白错误聚合。可以通过以下策略来改善，比如改为 16 ℃低温诱导蛋白表达或者改为分泌型表达。

　　图 3.13(b) 泳道 4 和泳道 5 显示的是在酵母和 HEK293T 细胞中表达的单域抗体在非变性的条件下跑胶检测情况，目的抗体条带大小也在 17 ku 附近，且其他位置没有杂带。泳道 6 和 7 是在酵母表达系统中表达的双价抗体（34 ku 附近条带）和单域抗体（17 ku 附近条带）的对比图。此外，我们还用 HEK293 细胞表达的两种三价抗体，即串联三价抗体（VHH-VHH-VHH）和融合 Anti_HSA-VHH 的双价单域抗体（VHH-Anti_HSA- VHH-VHH）。

　　图 3.13(c) 泳道 11 和泳道 15 分别为它们的 SDS-PAGE 胶检测情况，其中泳道 9 和泳道 13 为培养基上清液，泳道 10 和泳道 14 为纯化时的流穿液。

　　图 3.13(d) 泳道 16 为 Fc 融合单域抗体 B11-Fc 在非变性的条件下的检测情况，它出现在约 76 ku 条带的位置，均符合预期。

3.4.5.3　基于噬菌体法筛选出来的抗体的亲和力检测

　　使用大肠杆菌表达系统将噬菌体初筛得到的四种抗体进行了表达并亲和纯化，随后测定了纯化后的抗体与人 PCSK9 抗原之间的亲和力。四种新发现的 VHH 的亲和力表现如图 3.14 所示，每个 VHH 和 PCSK9 抗原都有自己独特的反应曲线。其中 VHH-B11 和 hPCSK9 的亲和力为 8.688 nmol/L；VHH-H12 抗体和 hPCSK9 的亲和力为 703.7 nmol/L；VHH-A6 和 VHH-G8 与 PCSK9 抗原之间表现出快速的解离趋势，它们和 PCSK9 抗原之间的亲和力分别为 29 nmol/L 和 73 nmol/L（表 3.18）。由此可见，VHH-B11 与 PCSK9 之间的亲和力最强，最适合进一步的研究。

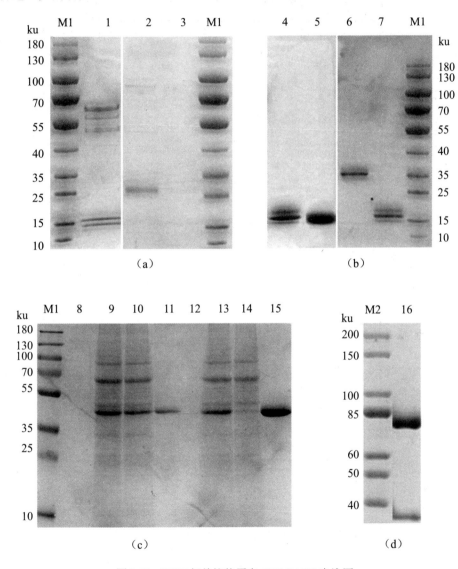

图 3.13　VHH 相关抗体蛋白 SDS-PAGE 电泳图

（a）泳道 1~3；（b）泳道 4~7；（c）泳道 8~15；（d）泳道 16

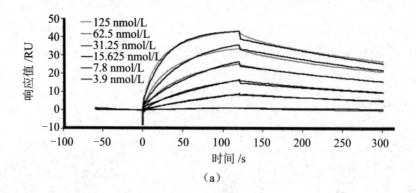

（a）

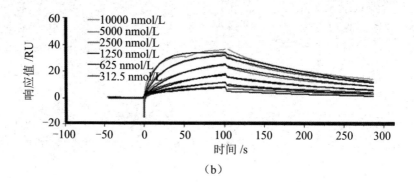

（b）

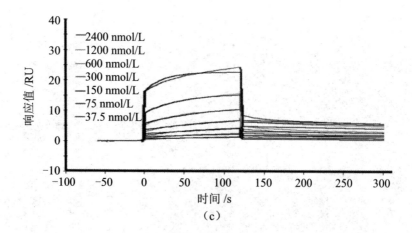

（c）

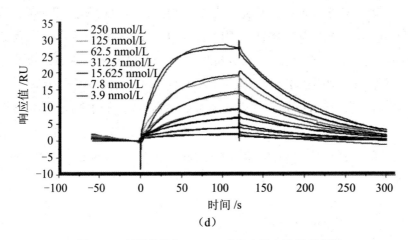

图 3.14　新型抗体与 PCSK9 亲和力测定结果示意图

（a）VHH-B11；（b）VHH-H12；（c）VHH-A6；（d）VHH-G8

注：横坐标指的是抗原抗体反应的时间轴；纵坐标指的是抗原抗体的结合或者解离时的响应值。不同的曲线代表进样不同浓度的抗体。本实验的亲和力是在 25 ℃ 的反应条件下进行测试得到的。

表 3.18　新型抗体与 PCSK9 亲和力测定结果

抗体名称	k_{on}/（1/ms）	k_{off}/（1/s）	R_{max}/RU	Chi²/RU²	K_D/（nmol·L⁻¹）
VHH-B11	2.706×10^5	2.351×10^{-3}	42.4	1.17	8.688
VHH-H12	0.7441×10^4	5.236×10^{-3}	34.94	3.53	703.7
VHH-A6	1.543×10^4	4.468×10^{-4}	15.40	0.334	28.97
VHH-G8	1.625×10^5	11.44×10^{-3}	33.64	0.813	73.05
B11-Fc	1.872×10^6	1.288×10^{-3}	24.71	0.693	0.6879

注：k_{on} 和 k_{off} 分别指的是新型抗体与人 PCSK9 抗原相互作用过程中的结合速率和解离速率；K_D 为测定的亲和力值，是由计算公式 $K_D = k_{off}/k_{on}$ 得来的；R_{max} 指的是最大响应值；Chi² 代表了曲线拟合的准确度，这个值一般要 ≤ $1/10R_{max}$。本实验也是在 25 ℃ 条件下进行测试的。

进一步地，对比两种抗体发现方法（抗体组库 NGS 分析法和噬菌体法）筛选到的抗体 HcAb-1 和 VHH-B11，因 VHH-B11 的亲和力更高，所以我们选取了 VHH-B11 作为下一步研究的候选抗体。为了增加单域抗体的亲和力和生物半衰期，我们在 VHH-B11 的 C 端融合了人 IgG4 抗体 Fc 恒定区后，形成重组的驼人嵌合重链抗体 B11-Fc，接着用 Biacore 测定其与 PCSK9 之间的亲和力为 0.687 9 nmol/L，由此可见人 IgG4 抗体 Fc 恒定区的融合使得 VHH-B11 单域抗体的表观亲和力上升了约 13 倍（8.688 nmol/L : 0.6879 nmol/L ≈ 13 倍，如图 3.15 和表 3.18 所示）。

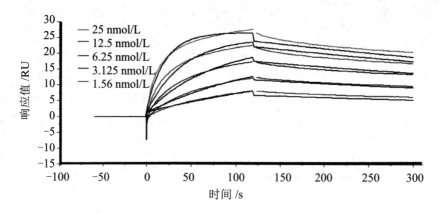

图 3.15　新型抗体 B11-Fc 与 PCSK9 亲和力测定结果示意图

注：横坐标指的是抗原抗体反应的时间轴；纵坐标指的是抗原抗体的结合或者解离时的响应值。每条曲线代表一种不同浓度的抗体。本实验的亲和力是在 25 ℃的反应条件下进行测试得到的。

3.4.6　羊驼新型抗体结合人 PCSK9 的表位解析和体外药效学评价

3.4.6.1　表位差异检测结果

表位差异鉴定结果如图 3.16 所示，图 (a) 为利用亲和动力学的方法测定的结果，包含多个阶段，如基线（baseline）阶段、捕获 evolocumab（capture evolocumab）阶段、PCSK9 进样并结合稳定（inject hPCSK9）阶段、B11 进样（inject B11）阶段和解离（dissociation）阶段。在第一个阶段，捕获 evolocumab 后，反应曲线稳定在 1 200 RU 左右；在 PCSK9 进样后，evolocumab 与 PCSK9 开始结合，并最终稳定在约 1 350 RU，证明 PCSK9 上 evolocumab 的特异性结合位点被其自身饱和，随着 B11 的进样，反应曲线进一步上升，表明 PCSK9 上除了 evolocumab 的特异性结合位点外，还存在 B11 的特异性结合位点，证实

VHH-B11 新型抗体和 evolocumab 结合 PCSK9 的表位不尽相同。

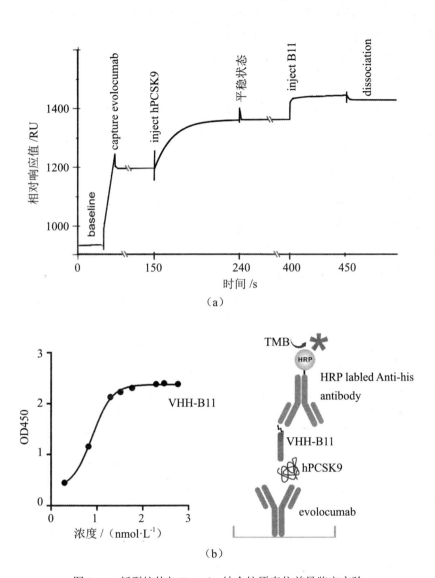

（a）

（b）

图 3.16　新型抗体与 Repatha 结合抗原表位差异鉴定实验

（a）基于 SPR 技术检测 VHH-B11 和上市药物结合人 PCSK9 抗原表位的差异检测实验 [横坐标为时间轴，纵坐标为相对响应值。曲线包含了以下四个阶段：基线、捕获 evolocumab、进样 PCSK9（结合和解离）、进样 VHH-B11（结合和解离）]；（b）基于双抗体"夹心"ELISA 技术检测 VHH-B11 和上市药物结合人 PCSK9 抗原表位的差异检测实验（横坐标代表不同浓度的 VHH-B11；纵坐标代表 OD450 的吸光值）

图 3.16(b) 基于双抗体夹心法 ELISA 又做了类似的实验，首先是在 ELISA 板中包被过量的 evolocumab，然后加入 PCSK9（作为"一抗"），evolocumab 将 PCSK9 上的特异性结合位点完全饱和，接着加入 VHH-B11（作为"二抗"），如果 VHH-B11 与 evolocumab 结合 PCSK9 的位点相同，最终在洗涤时将完全被洗掉，图 3.16(b) 中实验结果显示，VHH-B11 与 PCSK9 在 evolocumab 饱和其结合位点后仍有结合曲线，证实 VHH-B11 新型抗体和 evolocumab 结合 PCSK9 的表位不尽相同。图 3.16(b) 右侧为双抗体夹心 ELISA 的实验原理示意图。

3.4.6.2　结合表位解析

为了进一步弄清楚羊驼新型抗体 B11-Fc 与人 PCSK9 表位的结合表位情况，我们基于随机多肽库的 Phage display 技术，筛选到可以与 B11-Fc 高效结合的八种短肽（如表 3.19 所示），其中不同颜色代表了表位中可能存在的固定氨基酸序列，比照 PCSK9 抗原的氨基酸序列，推断出 B11-Fc 与人 PCSK9 的作用表位（公共基序）可能为 PCSK9 抗原第 447～453 位的"STHGAGW"（序列位置如图 1.1 所示）。

表 3.19　基于随机多肽库和 Phage display 技术筛选到的短肽

序号	短肽
1	EGYHHGWIHMPS
2	VLSTTSRIGWWM
3	TTAMVGWWMQEV
4	TYHHGFINSYAR
5	FSKGAGWNELMQ
6	LTPTYNYHHGWT
7	SDHYQGWWMNHL
8	STEGFGWPGHLI
推断表位	STHGAGW

随后我们设计了两种有关"STHGAGW"（下划线加粗）这一推测表位的 PCSK9 分子截断突变体，如图 3.17 所示列出了三种突变体氨基酸的序列对比，其中阴影部分为截断的部分氨基酸，PCSK9-mu01 为截断无关表位的对照，PCSK9-mu02 和 PCSK9-mu03 为截断推测表位"STHGAGW"前半部分和后半部分的突变体。

>PCSK9-mu01
MGTVSSRRSWWPLPLLLLLLLLLLGPAGARAQEDEDGDYEELVLALRSEEDGLAEAPEHGTTATFHRCA
KDPWRLPGTYVVVLKEETHLSQSERTARRLQAQAARRGYLTKILHVFHGLLPGFLVKMSGDLLELAL
KLPHVDYIEEDSSVFAQSIPWNLERITPPRYRADEYQPPDGGSLVEVYLLDTSIQSDHREIEGRVMVTDF
ENVPEEDGTRFHRQASKCDSHGTHLAGVVSGRDAGVAKGASMRSLRVLNCQGKGTVSGTLIGLEFIR
KSQLVQPVGPLVVLLPLAGGYSRVLNAACQRLARAGVVLVTAAGNFRDDACLYSPASAPEVITVGAT
NAQDQPVTLGTLGTNFGRCVDLFAPGEDIIGASSDCSTCFVSQSGTSQAAAHVAGIAAMMLSAEPELTL
AELRQRLIHFSAKDVINEAWFPEDQRVLTPNLVAALPP**STHGAGW**QLFCRTVWSAHSGPTRMATAVA
RCAPDEELLSCSSFSRSGKRRGERMEAQGGKLVCRAHNAFGGEGVYAIARCCLLPQANCSVHTAPPAE
ASMGTRVHCHQQGHVLTGCSSHWEVEDLGTHKPPVLRPRGQPNQCVGHREASIHASCCHAPGLECKV
KEHGIPAPQEQVTVACEEGWTLTGCSALPGTSHVLGAYAVDNTCVVRSRDVSTTGSTSEGAVTAVAIC
CRSRHLAQASQELQ

>PCSK9-mu02
MGTVSSRRSWWPLPLLLLLLLLLLGPAGARAQEDEDGDYEELVLALRSEEDGLAEAPEHGTTATFHRCA
KDPWRLPGTYVVVLKEETHLSQSERTARRLQAQAARRGYLTKILHVFHGLLPGFLVKMSGDLLELAL
KLPHVDYIEEDSSVFAQSIPWNLERITPPRYRADEYQPPDGGSLVEVYLLDTSIQSDHREIEGRVMVTDF
ENVPEEDGTRFHRQASKCDSHGTHLAGVVSGRDAGVAKGASMRSLRVLNCQGKGTVSGTLIGLEFIR
KSQLVQPVGPLVVLLPLAGGYSRVLNAACQRLARAGVVLVTAAGNFRDDACLYSPASAPEVITVGAT
NAQDQPVTLGTLGTNFGRCVDLFAPGEDIIGASSDCSTCFVSQSGTSQAAAHVAGIAAMMLSAEPELTL
AELRQRLIHFSAKDVINEAWFPEDQRVLTPNLVAALPP**STHGAGW**QLFCRTVWSAHSGPTRMATAVA
RCAPDEELLSCSSFSRSGKRRGERMEAQGGKLVCRAHNAFGGEGVYAIARCCLLPQANCSVHTAPPAE
ASMGTRVHCHQQGHVLTGCSSHWEVEDLGTHKPPVLRPRGQPNQCVGHREASIHASCCHAPGLECKV
KEHGIPAPQEQVTVACEEGWTLTGCSALPGTSHVLGAYAVDNTCVVRSRDVSTTGSTSEGAVTAVAIC
CRSRHLAQASQELQ

>PCSK9-mu03
MGTVSSRRSWWPLPLLLLLLLLLLGPAGARAQEDEDGDYEELVLALRSEEDGLAEAPEHGTTATFHRCA
KDPWRLPGTYVVVLKEETHLSQSERTARRLQAQAARRGYLTKILHVFHGLLPGFLVKMSGDLLELAL
KLPHVDYIEEDSSVFAQSIPWNLERITPPRYRADEYQPPDGGSLVEVYLLDTSIQSDHREIEGRVMVTDF
ENVPEEDGTRFHRQASKCDSHGTHLAGVVSGRDAGVAKGASMRSLRVLNCQGKGTVSGTLIGLEFIR
KSQLVQPVGPLVVLLPLAGGYSRVLNAACQRLARAGVVLVTAAGNFRDDACLYSPASAPEVITVGAT
NAQDQPVTLGTLGTNFGRCVDLFAPGEDIIGASSDCSTCFVSQSGTSQAAAHVAGIAAMMLSAEPELTL
AELRQRLIHFSAKDVINEAWFPEDQRVLTPNLVAALPP**STHGAGW**QLFCRTVWSAHSGPTRMATAVA
RCAPDEELLSCSSFSRSGKRRGERMEAQGGKLVCRAHNAFGGEGVYAIARCCLLPQANCSVHTAPPAE
ASMGTRVHCHQQGHVLTGCSSHWEVEDLGTHKPPVLRPRGQPNQCVGHREASIHASCCHAPGLECKV
KEHGIPAPQEQVTVACEEGWTLTGCSALPGTSHVLGAYAVDNTCVVRSRDVSTTGSTSEGAVTAVAIC
CRSRHLAQASQELQ

图 3.17　人 PCSK9 抗原三种突变体的氨基酸序列对比示意图

如图 3.18 所示，将表达野生型 PCSK9 蛋白及以上 PCSK9 突变体的哺乳细胞培养上清液和细胞裂解物进行 SDS-PAGE 电泳，每五个一组，点样顺序从左到右分别为 PCSK9-mu01、PCSK9-mu02、PCSK9-mu02（重复上样）、PCSK9-mu03 和野生型 PCSK9（PCSK9-WT）。其中泳道 1～5 和 11～15 为表达 PCSK9 的细胞培养上清液，泳道 6～10 和 16～20 为表达 PCSK9 的细胞裂解沉淀物，主要考察表达的目的蛋白处于胞内还是胞外；后将电泳胶转膜做 Western Blot 验证，主要考察截断突变后的 PCSK9 是否仍可以正常表达 [图 3.18(a)] 以及是否可以和 B11-hFc 结合 [图 3.18(b)]，结果如图 3.18 所示，PCSK9-WT（泳道 5、10、15 和 20 的 75 ku 处）在细胞培养上清液和沉淀中均有表达，而其他三种 PCSK9 突变体均在胞内表达（泳道 6～9），此外，截断突变对照 PCSK9-mu01（泳道 16）在截断后仍可以与 B11-hFc 发生结合，说明截断的多肽不是 B11-hFc 和 PCSK9 结合的关键表位；然而对于突变体 PCSK9-mu02，虽然 Anti-HA 抗体检测胞内有表达（泳道 7 和 8 有条带），但与 B11-hFc 几乎不再结合（泳道 17 和 18 无条带）；突变体 PCSK9-mu03 情况类似，虽然 Anti-HA 抗体检测胞内有表达 [图 3.18(a) 泳道 9 的 48 ku 处有条带]，但 B11-hFc 与 PCSK9-mu03 不再结合 [图 3.18(b) 泳道 19 的 48 ku 处无条带]，这说明"STHGAGW"确实为目标抗体 B11-hFc 与人 PCSK9 抗原的相互结合表位。

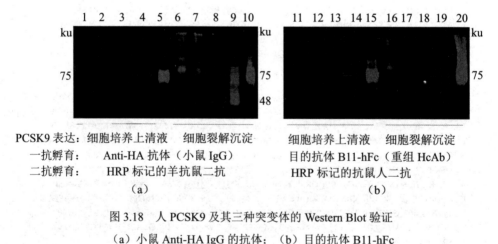

图 3.18　人 PCSK9 及其三种突变体的 Western Blot 验证

（a）小鼠 Anti-HA IgG 的抗体；　（b）目的抗体 B11-hFc

3.4.6.3　物种特异性检测结果

羊驼新型抗体与 PCSK9 抗原物种特异性检测，随后进行了抗 PCSK9 新型抗体与人、鼠和猴源 PCSK9 抗原的特异性结合实验，如图 3.19 所示，与食蟹猴源（cynomolgus，图中简称 cyno）以及小鼠源（mouse）的 PCSK9 相比，我们筛选得到的单域抗体 VHH-B11 与人 PCSK9 抗原具有更加显著的高亲和力（$P < 0.001$），说明 VHH-B11 与人 PCSK9 的相互结合具有高特异性；而新型抗体 B11-Fc 相比单价单域抗体 VHH-B11，它与食蟹猴及小鼠 PCSK9 的结合力有轻微上升，可以用于进一步的体内实验研究。

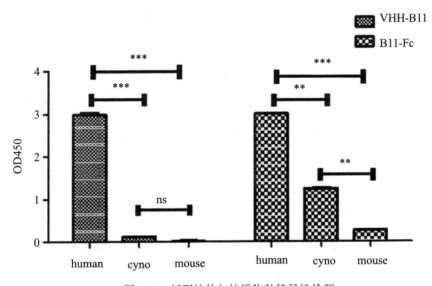

图 3.19　新型抗体与抗原物种特异性检测

注：VHH-B11 代表的是噬菌体法筛选出来的单域抗体 B11，B11-Fc 指的是人 IgG4 Fc 融合单域抗体 VHH-B11 形成的重组驼人嵌合的新型抗体。$P < 0.05$ 被认为是有显著性差异；显著性差异的标准为：$*P < 0.05$，$**P < 0.01$，$***P < 0.001$，ns：没有显著性差异。

3.4.6.4　促进 LDL-uptake 代谢实验

以上实验均为考察单域抗体 VHH-B11 在蛋白水平与人 PCSK9 抗原的结合性实验，为了进一步研究单域抗体 VHH-B11 和 Fc 的融合抗体 B11-Fc 在肝癌细胞模型上促进 LDL 代谢的功能，我们做了 LDL-uptake 代谢实验。

正常情况下，LDL 胆固醇（LDL-c）可以结合肝细胞表面的 LDL 受体（LDLR），它运输的胆固醇可以经受体的结合作用进入肝细胞而被溶酶体降解。在体内的 PCSK9 蛋白水平异常时，PCSK9 可以竞争性地结合 LDLR，LDL-c 不能正常被代谢掉，导致其体内水平异常增高，诱发血脂异常。在本研究中我们选用 BODIPY 标记的 LDL 来研究筛选到的新型抗体在抑制 PCSK9 和促进 LDL-c 代谢方面的作用。实验最后测得相对荧光强度（relative fluorescence unit，RFU）

代表 LDL-c 经受体进入肝细胞内部的水平。筛选到的新型抗体抑制 PCSK9 的作用越强,这一荧光强度也越强。如图 3.20 所示,与空白对照组相比,在只加 PCSK9 的情况下,PCSK9 可以导致 60% 的荧光强度的下降,这与之前的报道是一致的,而每种抗体抑制 PCSK9 的作用都呈现出浓度依赖的特征,即浓度越大,抑制作用越强。

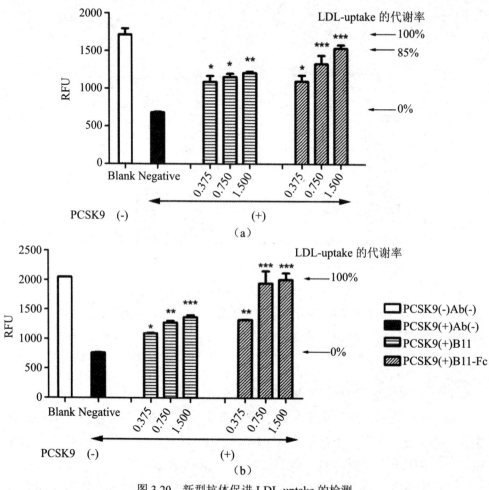

图 3.20　新型抗体促进 LDL-uptake 的检测

（a）HepG2；（b）Huh7

注：横坐标指的是四个不同的分组;纵坐标是进入胞内 LDL 的荧光值,这一指标反映的是在细胞表面有功能性的 LDLR 的数量;左边两个直方柱代表的是空白对照（白柱）和阴性对照（黑柱）。右边六个柱子代表的是剩下两组:一组是 VHH-B11;另一组是 B11-Fc,每组分别都有三个剂量（0.375、0.750 和 1.500 μmol/L）;抗体促进 LDL-uptake 的代谢率在图的右边（用 "←" 来表示）。（+）和（-）代表是否添加 PCSK9 或者抗体。

抑制率的计算公式如下：

抑制率（%）

= RFU [（空白组）-（加抗体组）] / RFU [（空白组）-（阴性组）] × 100%

正如预期的，在两种细胞系模型上，Fc 融合抗体 B11-Fc 表现出比单价抗体更强的对 PCSK9 的抑制作用。在 HepG2 细胞模型上 [图 3.20(a)]，只加 1.5 μmol/L B11-Fc 即可达到 85% 的抑制效率。在之前一个相似的研究中，只加 0.1 ~ 0.3 μmol/L 的 evolocumab 即可达到大于 80% 的 PCSK9 抑制效率；在加 1 μmol/L evolocumab 的情况下，可以得到 100% 的 PCSK9 抑制效率。然而，在本研究的 Huh7 细胞实验中 [图 3.20(b)]，在仅加入 0.75 μmol/L B11-Fc 抗体的情况下，即可达到约 100% 的 PCSK9 抑制率，而对于单价抗体 VHH-B11 来说，无论是在 HepG2 细胞系还是在 Huh7 细胞系上，添加 1.5 μmol/L 的抗体仍然没有达到 80% 的抑制率。这说明，C 端融合 Fc 的改造对于单域抗体来说是较为有效的。

3.4.7　羊驼新型抗体在大鼠模型上的初步的药代和药效学评价

3.4.7.1　VHH-B11 在大鼠模型上的初步药代评价

为进一步考察新型抗体 VHH-B11 和 B11-Fc 在动物体内的生物半衰期情况，我们采用了正常的 SD 大鼠作为研究对象。在注射给药后不同时间点采血，基于 SPR 技术，对于血浆中的抗体含量进行测定。对于单域抗体在大鼠体内的半衰期的考察，我们绘制标准曲线如图 3.21 所示，由 Origin 8.0 软件根据 VHH-B11 不同梯度浓度对应 Biacore 响应值的拟合出来的公式如下，$y = 0.0337x^2 + 6.0407x + 7.2314$，其中 $R^2 = 0.9912$，在用 Biacore T200 测试随着时间变化血清中残余的单域抗体浓度时，检测到该单域抗体在三只 SD 大鼠体内的生物半衰期都极短，甚至低于 30 min，如图 3.22 所示，注射给药后第二个采血的时间点 0.5 h 显然已经错过了药物在体内的峰浓度。

3.4.7.2　B11-Fc 在大鼠模型上的初步药代评价

驼人嵌合重链抗体 B11-Fc 的标准曲线如图 3.23 所示，由 Origin 8.0 软件根据新型抗体 B11-Fc 不同梯度浓度对应 Biacore 响应值的拟合出来的公式如下，$y = 0.0184x^3 - 0.5014x^2 + 4.9516x - 0.3416$，$R^2 = 0.9977$。图 3.24 为大鼠体内抗体药物随着时间的变化情况，其中纵坐标为抗体换算浓度，横坐标为时间轴（单位为 h），为清晰地展示前期密集的时间点，取 $X = \lg X$，从图中可见驼人嵌合重链抗体 B11-Fc 在 SD 大鼠体内的生物半衰期最长可达 7 天。

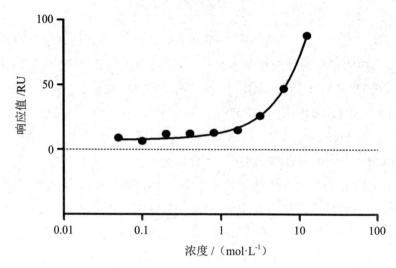

图 3.21　单域抗体 VHH-B11 不同梯度浓度与 Biacore 响应值的标准曲线

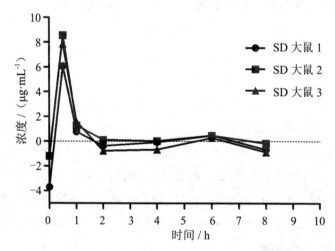

图 3.22　单域抗体 VHH-B11 在 SD 大鼠体内的浓度变化情况

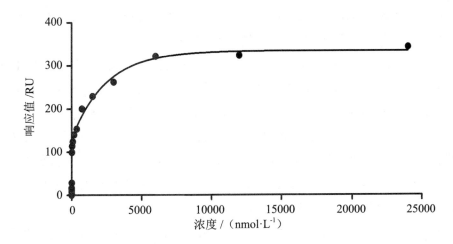

图 3.23　新型抗体 B11-Fc 不同梯度浓度与 Biacore 响应值的标准曲线

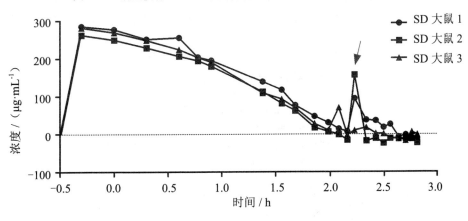

图 3.24　新型抗体 B11-Fc 在 SD 大鼠体内的浓度变化情况

3.4.7.3　新型抗体在转基因大鼠模型上的初步药效学评价

如图 3.25 所示，单域抗体 VHH-B11 和新型抗体 B11-Fc 在人 PCSK9 转基因大鼠体内的药效学功能实验结果，在整个 20 天的给药进程中，与 SD_normal diet（非转基因正常饮食组大鼠）组相比，饲喂高脂饮食明显引起了 SD_high fat_Evolo（非转基因高脂饮食组大鼠）组大鼠的两类血脂的上升（紫色线 vs 蓝色线，$P < 0.01$）；正如预期的是，阳性药物 Evolocumab 的给药对非转基因高脂饮食大鼠几乎没有作用，所以非转基因高脂饮食大鼠在第 20 天时的 CHOL 和 LDL-c 水平可以被认为是转基因高脂饮食大鼠有可能达到的最低水平（100%）。

在第 0 天，三组转基因高脂饮食的大鼠与其他三组大鼠相比有明显较高的血脂水平，分别是 CHOL（8.2 mmol/L）和 LDL-c（7.2 mmol/L），且 $P < 0.001$，这说明高脂饮食诱导的转基因大鼠模型是有效可用的。

在第 5 天，对于转基因高脂饮食实验组（灰色线）来说，在第 0 天的 B11-Fc 首次给药引起了较大的血脂下降水平（不管是 CHOL 还是 LDL-c 下降幅度都大约为 3.2 mmol/L）。而对于转基因高脂饮食阳性药组（红色线）来说，evolocumab 在第 0 天的首次给药也引起了血脂较大的下降水平（不管是 CHOL 还是 LDL-c 下降幅度大约仅为 2.4 mmol/L）。这两组在第 5 天的血脂水平上与 SD_high fat_Evolo（非转基因高脂饮食组大鼠）组相比没有显著性差异（灰色线 / 红色线 vs 蓝色线，$P > 0.05$）。

在第 5 天至第 20 天之间，对于转基因高脂饮食阳性药组（红色线）来说，两类血脂水平基本稳定。而对于转基因高脂饮食实验组（红色线）来说，两类血脂水平有轻微的上升趋势，这可能是由于 B11-Fc 的生物半衰期可能比传统的 IgG 短造成的。

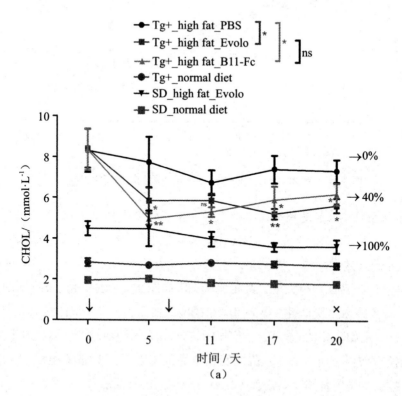

（a）

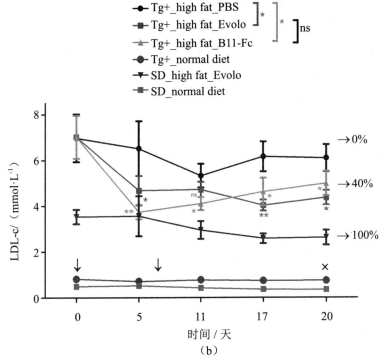

图 3.25　新型抗体在转基因高血脂大鼠模型的药效实验

（a）CHOL；（b）LDL-c

注：横坐标是时间轴（第一次给药时算作第 0 天）；纵坐标是总胆固醇（CHOL）和低密度脂蛋白胆固醇（LDL-c）的浓度水平（mmol/L）以及下降幅度（%，右边"→"所指）；SD 指的是 SD 大鼠；Tg+ 指的是人 PCSK9 转基因大鼠；high fat 指的是高脂饲料饲喂；Evolo 指的是阳性药给药；PBS 指的是阴性对照给药；"↓"指的是第 0 天和第 7 天给药；"×"指的是在第 20 天处死；显著性差异标准如下：*$P < 0.05$，**$P < 0.01$，ns：没有显著差异性。

　　然而在第 20 天时，转基因高脂饮食阳性药组（红色线）与转基因高脂饮食实验组（灰色线）有相似的 CHOL 水平 6.08 mmol/L vs 5.83 mmol/L，没有显著性差异；而且 LDL-c 的水平也处于相似水平 4.9 mmol/L vs 4.5 mmol/L，没有显著性差异。还可以观察到，不管是转基因高脂饮食阳性药组（红色线）还是转基因高脂饮食实验药 B11-Fc 组（灰色线），它们的 CHOL 血脂水平（~6.08 mmol/L & ~5.83 mmol/L）与 PBS 饲喂组的大鼠的 CHOL 血脂水平（~7.5 mmol/L）均有显著性的下降，$P < 0.05$；LDL-c 的情况与 CHOL 相似（~4.9 mmol/L / ~4.5 mmol/L vs ~6.01 mmol/L，$P < 0.05$）。

从总体上看，与非转基因高脂饮食大鼠组血脂水平（最大下降可能幅度 100%）相比，B11-Fc 药物注射转基因高脂饮食实验组大鼠可以导致约 40 % 的血脂下降水平（不管是对于 CHOL 还是 LCL-c），都呈现显著性的差异（灰色线 vs 蓝色线，$P < 0.05$）。阳性药物注射情况类似，它可转基因高脂饮食阳性药大鼠组 45% 的血脂水平下降（红色线 vs 蓝色线，$P < 0.05$），然而两个药物给药组在第 20 天的血脂水平并无显著性差异（$P > 0.05$）。

3.4.8　羊驼新型抗体的稳定性评价和人源化改造

3.4.8.1　B11-Fc 的室温储存稳定性实验

为进一步评价新型重组驼人嵌合抗体 B11-Fc 的稳定性，我们进行了两类稳定性测试，包含室温储存稳定性的测试和反应温度的稳定性测试。如图 3.26 所示，新型抗体 B11-Fc 蛋白室温下在 1 × PBS 溶液中保存长达 13 周（约 3 个月），然后测定其与 PCSK9 抗原的亲和力仍有 0.667 3 nmol/L，与前文所述新鲜的抗体（0.687 9 nmol/L）相比，亲和力相差无几。从亲和力曲线上看，随着储存时间的增加，相同浓度的抗体的最大亲和力数值依次下降，具体来讲，100 nmol/L 的抗体在保存 1、4、7、10 和 13 周后，与 PCSK9 抗原的最大亲和力响应值分别为 400 RU、400 RU、200 RU、140 RU 和 100 RU。这说明抗体在保存 3 个月期间，亲和力虽然还处在同一数量级，但可能存在部分微量降解，完整抗体的浓度可能有微量下降。总之，储存抗体的亲和力稳定性检测结果显示，新型抗体 B11-Fc 蛋白室温下保存 3 个月内，亲和力稳定性极强，可以在常温下储存和运输。

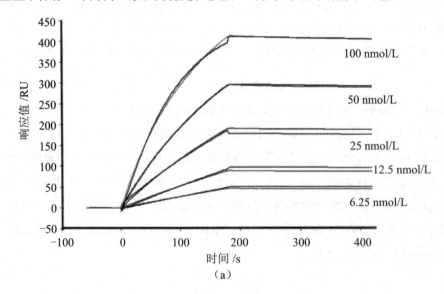

(a)

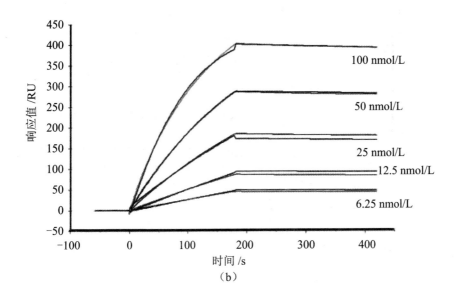

（b）

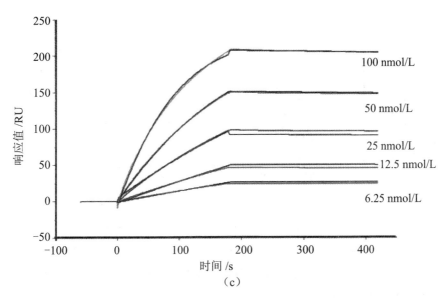

（c）

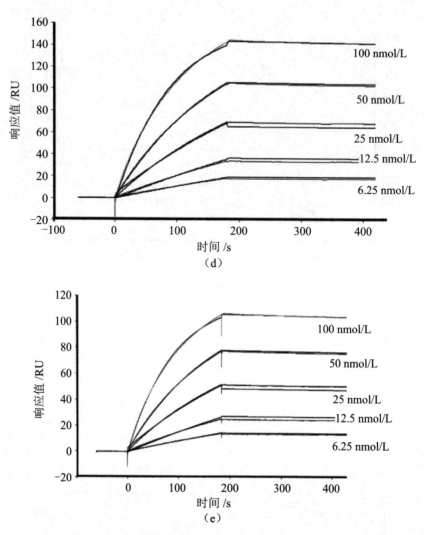

图 3.26　新型抗体在室温储存条件下亲和力稳定性测试

（a）第 1 周；（b）第 4 周；（c）第 7 周；（d）第 10 周；（e）第 13 周

注：横坐标指的是抗原抗体反应的时间轴；纵坐标指的是抗原抗体的结合或者解离时的响应值，单位是 response units（RU）。不同的曲线代表进样不同浓度的 PCSK9 抗原（100 nmol/L、50 nmol/L、25 nmol/L、12.5 nmol/L、6.25 nmol/L）与芯片表面捕获到的 B11-Fc 抗体发生反应时的动力学过程。本实验的亲和力是在 25 ℃的反应条件下进行测试得到的。

3.4.8.2　B11-Fc 的热反应稳定性实验

我们进行了新型抗体 B11-Fc 的热反应稳定性实验，如图 3.27 所示，我们测定了新型抗体 B11-Fc 分别在 4 ℃、37 ℃和 40 ℃反应条件下与 PCSK9 抗原蛋白的亲和力。结果显示，与 25 ℃反应条件下的亲和力（0.687 9 nmol/L）相比，新型抗体 B11-Fc 无论在低温以及相对高一点温度下，亲和力仍旧处于 0.1 nmol/L 级别，最大差异不超过 6 倍。这说明 B11-Fc 有较强的热反应稳定性和低温反应稳定性，这种对温度不敏感的特性，有助于在不同温度的环境中开展相关的研究，见表 3.20。

为了进一步降低新重组型嵌合驼人抗体 B11-Fc 的免疫原性，我们对其可变区 VHH-B11 的框架区（FR 区）进行了多种氨基酸突变，形成了六种人源化改造后的抗体 VHH-Z1 ~ Z5 和全人源框架区的 VHH-Hu，并按照上述步骤用 HEK293T 细胞表达和用镍柱纯化得到这些突变体蛋白，随后基于 SPR 技术分别测定新型抗体 VHH-B11 的六种突变体与 PCSK9 抗原的亲和力情况，如表 3.21 所示，VHH-Hu 是野生型 VHH-B11 完全替换成人最常见全的框架区（FR 区）热点氨基酸后的抗体，它与 PCSK9 抗原蛋白的亲和力相比野生型降低了 1 个数量级；而 VHH-Z1 和 VHH-Z3 与 PCSK9 抗原的亲和力仍处于 nmol/L 级别；然而 VHH-Z2 和 VHH-Z4 与 PCSK9 抗原的亲和力大幅下降，大于 1×10^{-5} mol/L。

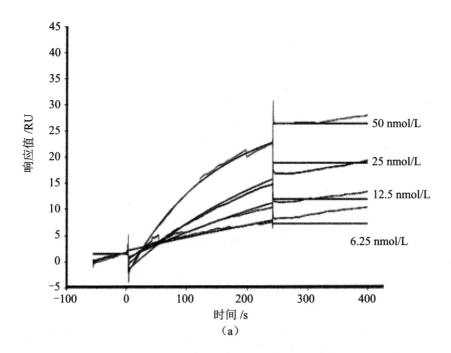

（a）

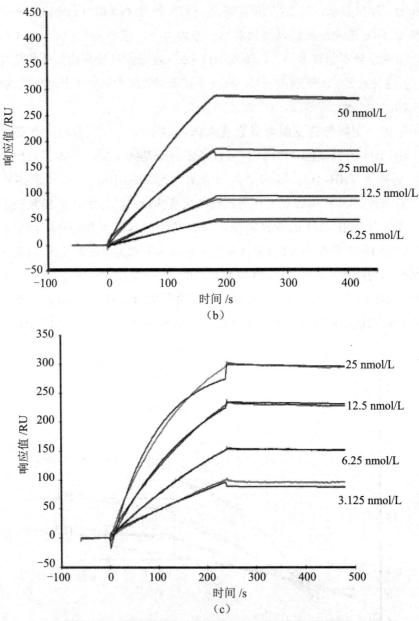

图 2.28　新型抗体在不同反应温度下亲和力稳定性测试

（a）4 ℃；（b）37 ℃；（c）40 ℃

注：横坐标指的是抗原抗体反应的时间轴；纵坐标指的是抗原抗体的结合或者解离时的响应值。不同的曲线代表进样不同浓度的 PCSK9 抗原（50 nmol/L、25 nmol/L、12.5 nmol/L、6.25 nmol/L 和 3.125 nmol/L）与芯片表面捕获到的 B11-Fc 抗体发生反应时的动力学过程。4 ℃，37 ℃和 40 ℃温度代表的是不同的热（或低温）反应温度条件。

表 3.20　抗 PCSK9 新型抗体亲和力稳定性测试

抗体名称	$k_{on}/(ms^{-1})$	$k_{off}/(s^{-1})$	R_{max}/RU	Chi^2/RU^2	$K_D/(nmol \cdot L^{-1})$
B11-Fc（第 1 周）	1.393×10^5	6.181×10^{-5}	464.6	30.1	0.443 8
B11-Fc（第 4 周）	1.362×10^5	9.116×10^{-5}	457.4	25.3	0.669 3
B11-Fc（第 7 周）	1.352×10^5	6.983×10^{-5}	234.8	6.82	0.516 6
B11-Fc（第 10 周）	1.304×10^5	6.523×10^{-5}	161.9	3.22	0.500 2
B11-Fc（第 13 周）	1.221×10^5	8.148×10^{-5}	119.5	1.82	0.667 3
B11-Fc（4 ℃）	1.398×10^5	3.892×10^{-5}	42.84	1.73	0.278 4
B11-Fc（25 ℃）	1.872×10^6	1.288×10^{-3}	24.71	0.693	0.687 9
B11-Fc（37 ℃）	6.905×10^5	2.671×10^{-4}	354.6	26.900	0.386 8
B11-Fc（40 ℃）	4.260×10^5	5.233×10^{-5}	325.1	24.300	0.122 8

注：B11-Fc 指的是本研究中构建的新型嵌合驼人抗体。k_{on} 和 k_{off} 分别指的是新型抗体与人 PCSK9 抗原相互作用过程中的结合速率和解离速率。K_D 为测定的亲和力值，是由计算公式 $K_D = k_{off}/k_{on}$ 得来。R_{max} 指的是最大响应值。Chi^2 代表了曲线拟合的准确度，这个值一般要 $\leqslant 1/10 R_{max}$。例如 B11-Fc（4 ℃）：括号内的温度代表是在该温度条件下测试得到，没有特别注明即代表在 25 ℃ 测试得到。

表 3.21　新型抗体人源化分子改造后亲和力测定

抗体名称	$k_{on}/(ms^{-1})$	$k_{off}/(s^{-1})$	R_{max}/RU	Chi^2/RU^2	$K_D/(nmol \cdot L^{-1})$
VHH-B11	1.213×10^5	6.080×10^{-4}	16.76	0.117	5.013
VHH-Hu	3.80×10^4	1.5×10^{-3}	45.32	3.21	39.7
VHH-Z1	2.138×10^4	1.709×10^{-4}	148.40	18.2	7.994
VHH-Z2	—	—	—	—	$> 10^{-5}$
VHH-Z3	1.893×10^5	6.084×10^{-4}	9.345	0.064 3	3.219

续表

抗体名称	k_{on}/（ms^{-1}）	k_{off}/（s^{-1}）	R_{max}/RU	Chi^2/RU^2	K_D/（nmol·L^{-1}）
VHH-Z4	—	—	—	—	> 10^{-5}
VHH-Z5	9.235×10^3	1.042×10^{-4}	142.7	16.2	11.28

注：VHH-B11 指的是筛选得到的野生型抗体；VHH-Hu 指的是将 VHH-B11 的三个框架区内全部的"突变热点"氨基酸完全替换为人的框架区的氨基酸；VHH-Z1~Z5 是五个 VHH-B11 人源化突变体，它们分别替换不同"热点"位置的氨基酸。具体的突变位点见表 2.18。k_{on} 和 k_{off} 分别指的是新型抗体与人 PCSK9 抗原相互作用过程中的结合速率和解离速率。K_D 为测定的亲和力值，是由计算公式 $K_D = k_{off}/k_{on}$ 得来。R_{max} 指的是最大响应值。Chi^2 代表了曲线拟合的准确度，这个值一般要 ≤ 1/10R_{max}。本实验是在 25 ℃ 条件下测试得到。

3.5 讨论

3.5.1 基于抗体组库分析技术筛选抗体的方法

在本章的研究中，我们进行了抗体发现策略的优化提升。首先，我们选取了大型动物——羊驼，不选用小型动物是因为驼类动物的优点在于能产生单链抗体，在筛选抗体时不需要考虑重链轻链配对的问题，其次可以多时间点采集大量血液（> 10 mL），而不必处死动物。除了基于 NGS 的方法来发现抗体外，又结合了 MS 技术，MS 法鉴定数据的优点在于：因血浆中存在的都是已表达的抗体，所以 MS 法鉴定到的抗体必定是真实存在的，可信度 100%。这种结合 NGS 和 MS 发现抗体的方法可以避免仅依靠免疫组库数据筛选到不表达抗体的假基因或者不表达蛋白的 mRNA 转录本。值得一提的是，目前单细胞质谱技术的发展，使得研究者在单个 B 细胞水平对抗体蛋白进行全面表征成为可能，缺点是单细胞质谱仪器价格昂贵、成本较高。

在基于 NGS 和 MS 分析的方法筛选羊驼抗体的实验中，我们挑出 8 条 HcAb 重链抗体克隆表达出来，筛出两个与 PCSK9 抗原有较高亲和力（50 nmol/L & 255 nmol/L）的抗体，有效率约 25%，初步显示依靠 NGS 和 MS 技术筛选高亲和力抗体这一优化后的策略是可行的，但总的来讲，有效率不是很高。我们认为有可能的原因在于以下几个方面。

（1）对血清中的多抗质谱检测后的数据进行生物信息分析仍具有一定的挑战性，独有肽鉴定效率太低，很多潜在的高亲和力、高特异性的抗体没有被鉴定出来。

（2）在从免疫组库中挑选抗体序列时，应去除 IgM 亚型的抗体，重点关注 IgG 亚型的抗体，因 IgM 是在免疫早期出现的抗体亚型，干扰较大，亲和力普遍不强。

（3）可以考虑从多个时间点去考察抗体免疫组库克隆的动态变化特征，重点关注免疫前后丰度逐渐增高，变化倍数较大的克隆。

（4）如前所述，根据已有数据，积累有亲和力的抗体蛋白和氨基酸序列甚至是高级结构之间的规律特征，建立一个好的分析训练集。

对于未知病毒，人们尚不能完全确定病毒抗原致病结构区域，如冒然采用病毒非致病部分如衣壳蛋白作为抗原去做 Phage display 或者 Hybridoma 细胞融合筛选得到的抗体很可能是黏着抗体，即仅具有结合活性，而没有治疗活性；而无论是 Phage display 技术和 Hybridoma 细胞融合技术，前期的抗体筛选都是需要确定抗原的致病区域的。基于 NGS 和抗体组库分析的抗体发现这种方法的优点是前期筛选不需要抗原，仅需要对抗体组库序列分析即可筛选得到有潜在高亲合力的克隆，这种方法还有短时高效（最快 1～2 周）的优点，尤其在面对未知病毒感染流行时可以为抗击疫情争取时间，快速开发出相关的病毒中和抗体。

3.5.2　基于噬菌体展示技术发现抗体的方法

对于治疗性抗体，与靶点抗原间的亲和力一般要求小于等于纳摩尔级别，因此，基于 NGS 方法发现的 PCSK9 抗体尚不能满足实际要求，随后我们又采用传统的 Phage display 技术继续筛选新的抗 PCSK9 的候选抗体，并开展相关的药效学研究。

Phage display 技术是基于抗原抗体结合 ELISA 的 OD450 值来获得抗体亲和力相对强弱的信息的，然而在实验过程中我们发现即便有些抗体表达株的 OD450 值不是最高的，但最后经过 SPR 测得的亲和力却是最好的。可见，单纯依靠 ELISA 得到的 OD450 值并不准确，借助分子间相互作用仪的 SPR 技术来进行亲和动力学筛选，基于结合值（binding value）和解离值（stability value）两个参数，可以准确判断哪个抗体表达株更优。通过捕获法，甚至可以准确测出裂解上清液中抗体与抗原之间的亲和力。这种方法的优点是不需要表达和纯化抗体，只需要少量的抗体表达上清液即可。

另一方面，单域抗体噬菌体库与传统抗体的噬菌体库相比，有显著的优点，即构建过程中只需要扩增单域抗体可变区即可开始转化。因为是单链抗体，所以也不需要重扩增轻链序列。

3.5.3 新型抗体分子的设计和改造

单域抗体由于相对分子质量较小、在机体内的代谢较快，为了较好地发挥单域抗体在机体内的药效作用，有必要基于单域抗体进行结构改造和设计。单域抗体的改造分为 IgG 类似抗体和非 IgG 类似抗体两大类。IgG 类似抗体指的是融合有单域抗体和 Fc 恒定区的重组抗体，因 Fc 本身具有聚合作用，Fc 融合可以使单域抗体聚合形成二价蛋白；非 IgG 类似抗体通常包含：

（1）两个或多个单域抗体串联融合形成的双价或多价抗体。

（2）单域抗体融合人血清白蛋白形成 HSA 融合蛋白。

这两种方法都可以有效地增加抗体的相对分子质量，有效地提高抗体的亲和力 10 倍以上甚至 100 倍。其中 Fc 融合单域抗体的策略可显著增加 VHH 抗体的稳定性、半衰期，以及增加 ADCC、CDC 等作用；串联抗体策略原理比较简单，如已上市的 Cablivi 药物，就是直接用三个丙氨酸（AAA）串联短肽相连形成的双价单域抗体。本研究在初期设计了多种新型抗体，比如二价、三价以及融合 Anti-HSA 的 VHH 的抗体，但最终只选取了 Fc 融合单域抗体形成的嵌合驼人重链抗体 B11-Fc 作为药效学研究的对象，原因在于，抗体恒定区 Fc 的融合显著增加了药物的半衰期，具有较高的成药性。表 3.22 从相对分子质量、抗体类型、IgG Fc 亚型、亲和力、物种特异性、结合表位区域、降血脂效率、生物半衰期和储存条件等多方面统计对比了本研究中所涉及的新型抗体与上市药物 Repatha 的对比情况。

表 3.22　新型抗体和上市药物 Repatha 对比

序号	类别	单域抗体 VHH-B11	新型抗体 B11-Fc	三价抗体 VHH-VHH-anti_HSA	上市药物 Repatha
1	相对分子质量	~15 ku	~75 ku	~45 ku	~150 ku
2	抗体类型	羊驼单域抗体	驼人嵌合重链抗体	三个单域抗体融合	传统抗体

续表

序号	类别	单域抗体 VHH-B11	新型抗体 B11-Fc	三价抗体 VHH-VHH-anti_HSA	上市药物 Repatha
3	IgG Fc 亚型	无	人 IgG4	无	人 IgG2
4	与人、猴、鼠 PCSK9 亲和力	6 nmol/L，无，无	0.6 nmol/L，无，无	0.6 nmol/L，无，无	16 pmol/L，8 pmol/L，17 000 pmol/L
5	与人 PCSK9 的结合表位区域	NA	处于 PCSK9 的第 447～453 位氨基酸	NA	处于 PCSK9 催化区
6	降血脂效率	NA	大鼠：~40 %	大鼠：10%～20%	人：~40 %
7	生物半衰期	小鼠：静脉注射＜30 min	大鼠：静脉注射 7 天	小鼠：静脉注射约 2.2 天	人体：皮下注射 7～11 天
8	储存条件	2～8 ℃；不能阳光直射	2～8 ℃或者室温 25 ℃；室温条件下可以保存最多三个月；不能阳光直射	2～8 ℃；不能阳光直射	2～8 ℃；室温条件下不能超过 1 个月；不能冷冻；不能阳光直射

注：NA 指的是 not available 的英文缩写，表示此处无数据。

3.5.4　新型抗体蛋白表达系统的选取

大肠杆菌是最常用的原核表达系统，酵母表达系统是最简单的真核表达系统，哺乳细胞表达系统是更高级的真核表达系统。在近年来上市的重组蛋白类药物中，8% 为大肠杆菌表达，5% 为酵母表达，84% 为哺乳细胞表达，三种表达系统对重组蛋白结构稳定性、产量以及亲和力都有影响。本书中我们提到大肠杆菌表达的单域抗体杂带很多，其中的原因可能有以下几个方面。

（1）采用的是大肠杆菌胞内表达，相比胞外分泌表达，胞内的杂蛋白更多；

（2）经 IPTG 诱导后的大肠杆菌表达蛋白的速度过快，导致目的蛋白不正确折叠或者不稳定导致蛋白聚合。

一方面，我们过往的研究发现大肠杆菌、酵母和哺乳细胞三种表达系统表达的同一种单域抗体 VHH-B11，亲和力依次有逐渐上升的趋势，这可能是由于真核系统对抗体蛋白的折叠以及修饰更加完善所导致的；另一方面，真核表达系统由于是分泌表达，所以杂带少，一步亲和纯化也相对容易；因酵母表达系统所用培养基为普通的 YPD 培养基，价格便宜，且后期蛋白纯化也方便，所以蛋白生产成本低，具有大肠杆菌表达系统和哺乳动物表达系统二者的优点，因此相比大肠杆菌和哺乳细胞表达系统具有较大优势。

相比单域抗体 VHH-B11，融合人 IgG4 Fc 片段的 B11-Fc 抗体的表观亲和力提高了 10 倍，究其原因，可能是 Fc 的融合表达有使单域抗体二聚化的作用，二聚化之后的单域抗体即是双价抗体，结构更加稳定，修饰也更加完善，形成了 1+1 大于 2 的效果，故而亲和力会提高至少 10 倍之多。已经有多篇文献报道类似的结果。

3.5.5　新型抗体的体外评价实验

抗体在进行体内实验评价之前，需要先进行体外实验的综合评价，通常包括蛋白水平的评价和细胞水平的评价。蛋白水平的评价实验，一般包含亲和力测定或者半数有效浓度测定（half effective concentration，EC50）、结合性实验、阻断性实验，物种间特异性实验和竞争性实验等；而细胞水平的评价实验一般包含细胞表面抗原和抗体间的结合实验、竞争性实验和功能性实验等，以上的评价实验可以根据抗体的作用原理选择性地开展。

人 PCSK9 在血脂代谢过程中扮演着重要角色，尤其是对 LDL-c 的正常代谢会产生竞争作用，导致 LDL 在血浆中不能被有效代谢掉，从而使 LDL-c 的血脂浓度异常升高，增加患者心血管疾病的发病风险。综合考虑，在本书研究中我们进行了亲和力测定、结合性实验、表位差异检测、物种间特异性实验以及 LDL-uptake 功能性实验等检测项目，其中表位差异检测实验在抗体药物开发前期越早进行越好，它的目的是规避现有上市抗体结合 PCSK9 抗原表位，防止知识产权侵权。如果前期筛选的抗体与上市抗体结合目标抗原的表位相同或相似，继续开发时要考虑侵权风险。

此外，在对先导抗体体外和体内实验评价后，如果想要对抗体结合抗原的表位进一步确认和知识产权保护，需要对抗体结合抗原的表位进行详细的表征，通常用到的技术包括 X-ray 的晶体衍射法、丙氨酸扫描法、系列截断法和新近出现的 NGS 法等。本书基于随机多肽库的 Phage display 法初步解析了 B11-Fc 和 PCSK9 的相互作用表位处于 PCSK9 蛋白的 C 端的第 447～453 位"STHGAGW"，对比食蟹猴源和小鼠源的 PCSK9 在这一区域的氨基酸序列保守性（"STHRAGW"和 "STHETGG"），发现二者在该区域均具有突变，这也在一定程度上解释了为什么 B11-Fc 与食蟹猴源以及小鼠源的 PCSK9 结合性差。

3.5.6　新型抗体的体内评价实验

在抗体进行体外实验评价之后，就要进行抗体的体内实验评价，一般包括药物代谢动力学、药物效应动力学和毒理学与安全性（包含免疫原性）。药物代谢动力学考察的是药物进入人体内后，经人体新陈代谢后的发展变化；药物效应动力学考察的是药物对机体的作用及其规律。毒理学与安全性考察的是药物对人体的毒副作用以及是否安全。我们在本书研究中初步考察了新型抗体药物在 SD 大鼠体内的生物半衰期和在转基因大鼠体内的降血脂作用。

生物半衰期短的药物，可以使用多种方法来延长其半衰期，例如改变蛋白构型或融合其他蛋白；也可以考虑增加给药次数，改变药物剂型或者给药途径等策略。在本书研究中，可以看到新型抗体 VHH-Fc 比单域抗体的生物半衰期明显延长，这证明 Fc 区域融合起了至关重要的作用。除了常见的 Fc 融合表达策略外，还可以融合人血白蛋白（human serum albumin，简称 HSA）来表达重组的新型抗体，以及将目的单域抗体融合抗 HSA 的单域抗体（Anti_HSA-VHH）来进行表达。在药物剂型方面，还可以考虑将单域抗体采用聚乙二醇（PEG）修饰后进行给药，同样可以达到延长半衰期的作用。在给药途径上，蛋白类药物因直接口服生物利用度极低，需要通过注射给药，而选择皮下注射或者肌肉注射给药相比直接静脉注射给药也可以增加药物的生物利用度和生物半衰期。

另有文献报道，Fc 区的亚型同样对药物半衰期有明显影响，Fc2 亚型抗体在四种抗体 Fc 亚型中拥有最长的生物半衰期，然而 Fc2 亚型与其受体的结合可以强烈地激活抗体依赖的细胞毒作用以及补体依赖的细胞毒作用。所以在 Fc 区域选择时也要根据抗体与靶标的相互作用原理来选择；如果不需要激活细胞毒作用，就可以对 Fc 区域的某些氨基酸进行突变来达到去除其激活作用而只保留延长半衰期的目的。在本书研究中，PCSK9 蛋白的抑制不需要激活细胞毒作用，所以我们选择了弱激活细胞毒作用的 Fc4 亚型。

值得注意的是，在药效实验第 11 天附近，PBS 注射组的大鼠血脂水平出现了短期下降的情况，但与此同时，其他三个对照组（转基因正常饮食组、非转基因高脂饮食阳性药物组以及非转基因正常饮食组）的大鼠并没有出现血脂显著下降的现象，这可能是由于转基因大鼠高血脂模型在极个别大鼠上的不稳定性造成的。另外，本书研究采用的人 PCSK9 转基因大鼠模型，这种模型能共表达大鼠和人的 PCSK9 蛋白，这可能是导致新型抗体 B11-Fc 没有完全发挥其药效的原因之一。

3.5.7　新型抗体的稳定性评价和人源化改造

在研发阶段，抗体药物进行体外和体内药效学评价的时候，往往也要注重药物的成药性如何。除了亲和力高（EC50 低）和功能性强，一种好的候选抗体在成药性上具体表现为免疫原性低、表达量高、稳定性强、生物半衰期长和生产成本低等。本研究中，我们基于前阶段研发出的 B11-Fc 在成药性上初步具有亲和力高（0.6 nmol/L 级）、功能性强（降脂率可达 40%）、表达量较高（30 mL 培养基可表达 1 mg 以上）、稳定性强（室温保存 3 个月以上，亲和力仍处于同一数量级）、生物半衰期一般（7～11 天）和生产成本低（酵母培养成本显著低于哺乳细胞培养成本等特点）。在免疫源性方面，基于单域抗体 VHH-B11，我们试图通过框架区的氨基酸突变来改善其人源化程度。双价单域抗体 Cablivi 已经在欧洲和美国上市，说明单域抗体的免疫源性问题初步得到解决。另外，对于稳定性评价，除了本章所述的内容外，有的药物还要进行破坏性测试，又称为强制降解试验，它是指将药物制剂或者原料蛋白置于比较剧烈的试验条件下，考察其稳定性的一系列实验。其目的主要是了解该蛋白内在的稳定性及其降解途径与降解产物。剧烈条件可分为酸、碱、高温、强光和氧化等。例如可以测试抗体在酸碱溶液条件下（比如 pH 值为 2.0～8.0）的亲和力的变化情况，在较高温条件（＞60℃）以及较低温下亲和力测试。因为本书研究还处于早期活性验证阶段，初步只研究了抗体在 pH 值为 7.4 中性条件下，以及 4℃低温和 40℃高温条件下的亲和力。

另一种考察就是溶解性测试，为了保证抗体药物注射体积适中的情况下也能有相应的药物剂量（药效），往往也需要较高的蛋白质量浓度（一般＞50 mg/mL），这时候需要测试蛋白是否有高溶解度；为了达到高溶解度，需要测试不同的溶剂配方，添加不同的助溶成分，常见的助溶成分比如苯甲酸钠和乙酰胺。此外，还要进行黏度测试，保证注射制剂注射时的便捷性以及进入人体后的可吸收性。随着浓度的增加，蛋白质分子在溶液中会发生聚合、交联、变性、脱酰胺作用、异构作用、氧化作用和裁剪等现象，导致蛋白黏度大幅增加。过高的黏度会增加蛋白质药物的制备和使用难度，也会使患者注射部位出现不良反应，也在一定程度上影响蛋白质产品的理化学稳定性。然而，本书研究中所述的抗体尚属于产品原型，生产工艺尚不够固定，暂没有必要开展此类研究。

3.5.8　本书研究的创新性和不足之处

本书研究基于 NGS，免疫组库分析和 Phage display 技术等手段研发的驼人嵌合重链抗体 B11-Fc 具有一定的创新性，具体表现在以下几个方面。

（1）抗体相对分子质量较小，是传统抗体的一半（75 ku），也即在相同质量情况下，是上市抗体药物 2 倍的摩尔分子数。

（2）使用酵母表达系统，生产周期 5 ～ 10 天；市售抗体表达周期通常要 10 ～ 15 天。

（3）据报道与哺乳细胞表达系统相比，使用酵母表达每克蛋白至少可以降低 23 欧元。

（4）室温保存 3 个月后，亲和力依然处于 0.1 nmol/L 级别；市售抗体目前室温下最多不能保存超过 25 天。

（5）与现有的上市药物相比，结合 PCSK9 的表位不同。

（6）单域抗体 VHH-B11 抗体经人源化后亲和力仍处于纳摩尔级别。

（7）解析了目标抗体 B11-Fc 与人 PCSK9 的相互作用表位，并做了相应的实验验证。

不可否认，研发药物 B11-Fc 与市售抗体 Repatha 相比，也有一定的局限性，主要表现在以下几个方面。

（1）虽然药效表现类似，但 B11-Fc 与 PCSK9 的亲和力仍低一个数量级（0.1 nmol/L vs 0.01 nmol/L）。

（2）B11-Fc 抗体与食蟹猴源 PCSK9 亲和力较弱，后期大动物药效实验可能要采用转基因动物，会增加实验成本。

（3）B11-Fc 抗体对人体的免疫原性尚不明确。

第 4 章　结论与展望

4.1　免疫组库在抗体研究中的应用

在本书研究中，我们建立了 PCSK9 抗原免疫后羊驼 IGH 免疫组库，结合 NGS 技术和 MS 技术，筛选到了 VHH-01 和 VHH-08 两个与 PCSK9 有高亲和力的抗体，对应用抗体组库 NGS 分析技术筛选高亲和力抗体的策略做了进一步的方法学验证。然而，本书所述的筛选抗体序列的标准相对简单，只涉及序列丰度、突变率、克隆变化倍数和抗体亚型等因素，如想进一步提高成功率，将来可以在每个免疫后的时间点都采血建立动态免疫组库，只使用 IgG 上下游引物扩增免疫组库；而在质谱数据鉴定的时候，主要涉及独有肽的鉴定次数，未来也可以将鉴定结果中的 CDR3 区域氨基酸的覆盖度、克隆变化倍数和抗体亚型等因素也考虑进去，以提高成功率。另外，本研究中鉴定得到的独有肽数量也偏少。

免疫组库技术，也可以应用在无法进行主动免疫的疾病的患者中，类似于新型冠状病毒感染引起的肺炎等快速传播的传染性疾病，理论上可以根据病人的免疫反应，利用免疫组库技术寻找合适的全人源的病毒中和抗体。随着生物技术的快速发展，研究者将越来越多的先进手段联合 NGS 用于早期的抗体发现，比如 Phage display 技术、MS 技术、单细胞技术和 AI 算法，这些技术的联用极大地提高了早期抗体筛选的通量和效率，呈现出前所未有的应用前景。

4.2　抗 PCSK9 新型抗体成药性提高的策略

在本研究中，我们基于多种方法——NGS 技术、抗体组库分析、MS 技术、Phage display 技术和 SPR 亲和力动力学技术来筛选抗 PCSK9 的候选抗体，最终获得了与人 PCSK9 蛋白可以特异性结合的高亲和力（affinity）单域抗体

VHH-B11（~8 nmol/L）。进一步地，我们将 VHH-B11 融合人 IgG4 Fc 恒定区形成新型驼人嵌合重链抗体 B11-Fc，有效增加了单域抗体 VHH-B11 的表观亲和力（avidity，~8 nmol/L vs ~0.6 nmol/L）和生物半衰期（不到 0.5 小时 vs 7 天）。

新型嵌合驼人重链抗体 B11-Fc 的成药性可进一步提高，可以参考以下策略：

（1）可以使用酵母低成本表达，酵母生产平均每克蛋白只需要 96 欧元，要比哺乳细胞表达系统低 23 欧元；酵母表达周期短，只需要 5 天，比哺乳细胞表达系统短 5 ~ 10 天，但此时需要对比酵母表达来源的抗体在药效学上的表现和哺乳细胞表达的抗体是否一致。

（2）在 VHH-B11 序列的基础上，建立 CDR 区域的突变库，进行亲和力成熟，进一步提高其亲和力。

（3）在人源化抗体 VHH-Z1 序列的基础上，建立氨基酸序列的人源化库，加强人源化的改造，最大限度降低对人体的免疫源性。

（4）稳定性评价方面，除了关注文中所述的亲和力稳定性外，也需要加强对药效的稳定性考察。

（5）在进行对人 PCSK9 抗原亲和力成熟实验的同时，也要注意增加新型抗体对非人灵长类如食蟹猴或恒河猴 PCSK9 抗原的亲和力，以便后期在大动物药效实验中不必使用人 PCSK9 转基因动物，可以显著降低实验成本。

（6）可以筛选出 2 ~ 3 种与 VHH-B11 药效相当或更好的抗体作为备选。

4.3　抗 PCSK9 降血脂抗体药物研发过程中需要注意的问题

在体外蛋白水平的实验中，为了更好地评价备选抗体的药效活性，可以增加一个实验——新型抗体和 LDLR 竞争性结合 PCSK9 的检测，原理大致如下：在 ELISA 板上包被 LDLR，混合不同浓度的新型抗体和固定浓度的 PCSK9 抗原，随着新型抗体浓度的增大，PCSK9 结合 LDLR 的作用被抑制得越强，其结合到 LDLR 上的数量就越少，最终对 PCSK9 的抑制作用会呈现出对抗体浓度的依赖性特征。这种方法的好处是，在不使用肝癌细胞系的情况下即可评价抗体的功能，节省了培养细胞的步骤。

关于新型抗体的稳定性研究，我们只是测定了新型抗体在一定储存时间或者不同反应温度条件下后的亲和力改变情况，严格来说，研究结果只能说明亲和力比较稳定，而对于新型抗体的药效是否发生改变，仍然有待实验验证。

关于表位研究，值得一提的是，拥有上市药物的两个药企巨头赛诺菲和安进公司，他们曾经因为抗体药物结合 PCSK9 的表位有重叠而产生了非常激烈的法律纠纷，2014 年 10 月 17 日，安进控告赛诺菲 / 再生元的 Praluent 抗体侵犯了其 Repatha 抗体的三项专利权（专利号为 No. US8563698、US8829165 和 US8859741）；据悉，赛诺菲被诉在以下表位的氨基酸上侵权安进的专利：S153、I154、P155、R194、D238、A239、I369、S372、D374、C375、T377、C378、F379、V380 和 S381。最后官司以赛诺菲一方败诉被禁止在美国市场销售其药物而告终。这提醒我们在抗体药物开发的早期阶段，注意规避已保护的靶点抗原表位。

此外，本研究采用了噬菌体展示随机多肽库的实验方案来进行表位研究，相比 X-ray 晶体衍射法或丙氨酸扫描法，这种方法具有低成本和高效率的特点，但不得不说的是，这种方法只能鉴定线性表位，或构象表位的线性部分，所谓线性表位指的是抗原的几个连续氨基酸形成的表位，而构象表位指的是由蛋白中不同肽链位置的氨基酸因空间结构折叠聚在一起形成的表位。根据噬菌体展示随机多肽库的实验推断出来的表位最好再通过 X-ray 晶体衍射法加以验证，比单纯使用 Western Blot 更加可靠。

关于细胞水平的药效评价方面，只是测定了细胞内 BODIPY 标记的 LDL-c 水平，同时也可以增加对细胞表面 LDLR 恢复数量的测定，在实验过程中增加一步用荧光标记的抗 LDLR 抗体检测步骤即可。用 LDL-c 和 LDLR 两个方面的指标更加能说明新型抗体的药效。我们采用了两种细胞系进行给药和评价，从实际效果来看也可以达到目的，但将来用于申报临床实验批件的正式实验中，至少需要五种细胞系。

关于体内实验评价方面，只是初步做了生物半衰期方面的研究，而药物代谢动力实验还包括药物在机体内的生物利用度、药峰浓度、药峰时间、药物清除率和表观分布容积等参数的测定和考察；在药效评价实验中，我们参阅文献，仅采用了一种剂量（20 mg/kg）进行给药，从实际效果来看也可以达到评价目的，但以后用于申报临床批件的正式实验中，至少需要高、中和低三种剂量才符合申报要求。

　　最后，我们相信本书所述的抗体组库评价的方法在有助于筛选抗体的同时，也可以用于疫苗免疫效果的评价以及病毒中和抗的体应急研发等领域；而本研究的驼人嵌合重组的抗 PCSK9 抗体也将为国产化低成本的新型降血脂药物的研发和上市奠定了良好基础。

参考文献

[1] Shen Y, Li H, Zhao L, et al. Increased half-life and enhanced potency of Fc-modified human PCSK9 monoclonal antibodies in primates[J]. PLoS One, 2017, 12(8): e0183326.

[2] Wang X, Mathieu M, Brezski R J. IgG Fc engineering to modulate antibody effector functions[J]. Protein & Cell, 2018, 9(1): 63-73.

[3] Brezski R J, Kinder M, Grugan K D, et al. A monoclonal antibody against hinge-cleaved IgG restores effector function to proteolytically-inactivated IgGs in vitro and in vivo[J]. MAbs, 2014, 6(5): 1265-1273.

[4] Cho S, Park I, Kim H, et al. Generation, characterization and preclinical studies of a human anti-L1CAM monoclonal antibody that cross-reacts with rodent L1CAM[J]. MAbs, 2016, 8(2): 414-425.

[5] Lebozec K, Jandrot-Perrus M, Avenard G, et al. Quality and cost assessment of a recombinant antibody fragment produced from mammalian, yeast and prokaryotic host cells: A case study prior to pharmaceutical development[J]. Australasian Biotechnology, 2018, 44: 31-40.

[6] Nowak C, Cheung J, Dellatore S, et al. Forced degradation of recombinant monoclonal antibodies: A practical guide[J]. MAbs, 2017, 9(8): 1217-1230.

[7] Bailly M, Mieczkowski C, Juan V, et al. Predicting antibody developability profiles through early stage discovery screening[J]. MAbs, 2020, 12(1): 1743053.

[8] Hassan A, Ganz S, Schneider F, et al. Quantitative assessment and impact of thermal treatment on quality of Holstein dairy cattle colostrum immunoglobulin and viscosity[J]. BMC Research Notes, 2020, 13(1): 191.

[9] Waltari E, Mcgeever A, Friedland N, et al. Functional enrichment and analysis of antigen-specific memory B cell antibody repertoires in PBMCs[J]. Frontiers in

Immunology, 2019, 10: 1452-1469.

[10] Dekosky B J, Lungu O I, Park D, et al. Large-scale sequence and structural comparisons of human naive and antigen-experienced antibody repertoires[J]. Proceedings of the National Academy of Sciences of the United States of America, 2016, 113(19): E2636-E2645.

[11] Wang Z, Li Y. An array of 60 000 antibodies for proteome-scale antibody generation and target discovery[J]. Science Advances, 2020, 6(11): eaax2271.

[12] Wu F L, Lai D Y, Ding H H, et al. Identification of serum biomarkers for systemic lupus erythematosus using a library of phage displayed random peptides and deep sequencing[J]. Molecular & Cellular Proteomics, 2019, 18(9): 1851-1863.

[13] Agoram B M. Use of pharmacokinetic/ pharmacodynamic modelling for starting dose selection in first-in-human trials of high-risk biologics[J]. British Journal of Clinical Pharmacology, 2009, 67(2): 153-160.

[14] Rotman M, Welling M M, van Den Boogaard M L, et al. Fusion of hIgG1-Fc to 111In-anti-amyloid single domain antibody fragment VHH-pa2H prolongs blood residential time in APP/PS1 mice but does not increase brain uptake[J]. Nuclear Medicine and Biology, 2015, 42(8): 695-702.

[15] Roovers R C, Laeremans T, Huang L, et al. Efficient inhibition of EGFR signalling and of tumour growth by antagonistic anti-EGFR Nanobodies[J]. Cancer Immunology, Immunotherapy, 2007, 56(3): 303-317.

[16] Guo L, Geng X, Chen Y, et al. Pre-clinical toxicokinetics and safety study of M2ES, a PEGylated recombinant human endostatin, in rhesus monkeys[J]. Regulatory Toxicology and Pharmacology, 2014, 69(3): 512-523.

[17] Harmsen M M, van Solt C B, Fijten H P, et al. Passive immunization of guinea pigs with llama single-domain antibody fragments against foot-and-mouth disease[J]. Veterinary Microbiology, 2007, 120(3-4): 193-206.

[18] Rotman M, Welling M M, Bunschoten A, et al. Enhanced glutathione PEGylated liposomal brain delivery of an anti-amyloid single domain antibody fragment in a mouse model for Alzheimer's disease[J]. Journal of Controlled Release, 2015, 203: 40-50.

[19]Cholesterol T C. Efficacy and safety of more intensive lowering of LDL

cholesterol: a meta-analysis of data from 170 000 participants in 26 randomised trials[J]. The Lancet, 2010, 376(9753): 1670-1681.

[20] 马丽媛，吴亚哲，陈伟伟.《中国心血管病报告 2022》要点介绍 [J]. 中华高血压杂志，2022，27(8)：712-716.

[21] 赵世庆，王颖航. 血脂异常与冠心病的相关性 [J]. 中国老年学杂志，2008，28(12)：1137-1139.

[22] 谭志晖，郭瑞威，谭志胜，等. 他汀类药物在治疗急性心肌梗死的临床应用和研究进展 [J]. 中国医药导报，2018，15(20): 21-24.

[23] Scognamiglio M, Costa D, Sorriento A, et al. Current drugs and nutraceuticals for the treatment of patients with dyslipidemias[J]. Current Pharmaceutical Design, 2019, 25(1): 85-95.

[24] Larsen S, Stride N, Heymogensen M, et al. Simvastatin effects on skeletal muscle: relation to decreased mitochondrial function and glucose intolerance[J]. Journal of the American College of Cardiology, 2013, 61(1): 44-53.

[25] Saremi A, Bahn G, Reaven P D. Progression of vascular calcification is increased with statin use in the Veterans Affairs Diabetes Trial (VADT)[J]. Diabetes Care, 2012, 35(11): 2390-2392.

[26] Mayne J, Dewpura T, Raymond A, et al. Plasma PCSK9 levels are significantly modified by statins and fibrates in humans[J]. Lipids in Health and Disease, 2008, 7(1): 22.

[27] Taylor B A, Thompson P D. Statins and their effect on PCSK9-impact and clinical relevance[J]. Current Atherosclerosis Reports, 2016, 18(8): 46.

[28] Seidah N G, Benjannet S, Wickham L, et al. The secretory proprotein convertase neural apoptosis-regulated convertase 1 (NARC-1): liver regeneration and neuronal differentiation[J]. Proceedings of the National Academy of Sciences of the United States of America, 2003, 100(3): 928-933.

[29] Li X, Wang M, Zhang X, et al. The novel llama-human chimeric antibody has potent effect in lowering LDL-c levels in hPCSK9 transgenic rats[J]. Clinical and Translational Medicine, 2020, 9(1): 16.

[30] Lagace T A, Curtis D E, Garuti R, et al. Secreted PCSK9 decreases the number of LDL receptors in hepatocytes and in livers of parabiotic mice[J]. Journal of

Clinical Investigation, 2006, 116(11): 2995-3005.

[31]Lipari M T, Li W, Moran P, et al. Furin-cleaved proprotein convertase subtilisin/ kexin type 9 (PCSK9) is active and modulates low density lipoprotein receptor and serum cholesterol levels[J]. Journal of Biological Chemistry, 2012, 287(52): 43482-43491.

[32]Cohen J, Pertsemlidis A, Kotowski I K, et al. Low LDL cholesterol in individuals of African descent resulting from frequent nonsense mutations in PCSK9[J]. Nature Genetics, 2005, 37(2): 161-165.

[33]Cohen J C, Boerwinkle E, Mosley T H, et al. Sequence variations in PCSK9, low LDL, and protection against coronary heart disease[J]. New England Journal of Medicine, 2006, 354(12): 1264-1272.

[34]Lu R M, Hwang Y C, Liu I J, et al. Development of therapeutic antibodies for the treatment of diseases[J]. Journal of Biomedical Science, 2020, 27(1): 1.

[35]Kaplon H, Muralidharan M, Schneider Z, et al. Antibodies to watch in 2020[J]. MAbs, 2020, 12(1): 1703531.

[36] 李锋 . 我国抗体药物产业分析和展望 [J]. 生物产业技术，2017(2)：68-71.

[37] 冯丽亚，李扬，孙文正，等 . 单克隆抗体药物研究新进展 [J]. 细胞与分子免疫学杂志，2016，32(3)：418-422.

[38]Lepor N E, Kereiakes D J. The PCSK9 inhibitors: a novel therapeutic target enters clinical practice[J]. American Health & Drug Benefits, 2015, 8(9): 483-489.

[39]Bergeron N, Phan B A, Ding Y, et al. Proprotein convertase subtilisin/kexin type 9 inhibition: a new therapeutic mechanism for reducing cardiovascular disease risk[J]. Circulation, 2015(132): 1648-1666.

[40]Roth E M, Davidson M H. PCSK9 inhibitors: mechanism of action, efficacy, and safety[J]. Reviews in Cardiovascular Medicine, 2018, 19(S1): S31-S46.

[41]Arbel R, Hammerman A, Triki N, et al. PCSK9 inhibitors may improve cardiovascular outcomes-can we afford them?[J]. International Journal of Cardiology, 2016(220): 242-245.

[42]Inhibitor P. Evolocumab (Repatha)-a second PCSK9 inhibitor to lower LDL-Cholesterol[J]. The Medical Letter on Drugs and Therapeutics, 2015, 57(1479): 140-141.

[43]Hamers-Casterman C, Atarhouch T, Muyldermans S, et al. Naturally occurring antibodies devoid of light chains[J]. Nature, 1993, 363(6428): 446-448.

[44]Greenberg A S, Avila D, Hughes M, et al. A new antigen receptor gene family that undergoes rearrangement and extensive somatic diversification in sharks[J]. Nature, 1995, 374(6518): 168-173.

[45]Ministro J, Manuel A M, Goncalves J. Therapeutic antibody engineering and selection strategies[J]. Advances in Biochemical Engineering/Biotechnology, 2020(171): 55-86.

[46]Li X, Duan X, Yang K, et al. Comparative analysis of immune repertoires between bactrian camel's conventional and heavy-chain antibodies[J]. PLoS One, 2016, 11(9): e0161801.

[47]Arbabi-Ghahroudi M, Tanha J, Mackenzie R. Prokaryotic expression of antibodies[J]. Cancer and Metastasis Reviews, 2005, 24(4): 501-519.

[48]Schumacher D, Helma J. Nanobodies: chemical functionalization strategies and intracellular applications[J]. Angewandte Chemie, 2018, 57(9): 2314-2333.

[49]Peyvandi F, Scully M, Kremer Hovinga J A, et al. Caplacizumab reduces the frequency of major thromboembolic events, exacerbations and death in patients with acquired thrombotic thrombocytopenic purpura[J]. Journal of Thrombosis and Haemostasis, 2017, 15(7): 1448-1452.

[50]Poullin P, Bornet C, Veyradier A, et al. Caplacizumab to treat immune-mediated thrombotic thrombocytopenic purpura[J]. Drugs of Today, 2019, 55(6): 367.

[51]Köhler G, Milstein C. Continuous cultures of fused cells secreting antibody of predefined specificity[J]. Nature, 1975, 256(5517): 495-497.

[52]Kaartinen M. The 1984 Nobel Prize in medicine (Cesar Milstein, George Köhler, Niels Jerne)[J]. Duodecim, 1984, 100(23-24): 1573-1578.

[53]Sokullu E, Soleymani A H, Gauthier M A. Plant/Bacterial virus-based drug discovery, drug delivery, and therapeutics[J]. Pharmaceutics, 2019, 11(5): 211.

[54]Mcmahon C, Baier A S. Yeast surface display platform for rapid discovery of conformationally selective nanobodies[J]. Nature Structural & Molecular Biology, 2018, 25(3): 289-296.

[55]Almagro J C, Pedraza-Escalona M, Arrieta H I. Phage display libraries for antibody

therapeutic discovery and development[J]. Antibodies, 2019, 8(3): 44.

[56]Smith G P, Petrenko V A. Phage display[J]. Chemical Reviews, 1997, 97(2): 391-410.

[57]Romao E, Morales-Yanez F, Hu Y, et al. Identification of useful nanobodies by phage display of immune single domain libraries derived from camelid heavy chain antibodies[J]. Current Pharmaceutical Design, 2016, 22(43): 6500-6518.

[58]Lauwereys M, Arbabi G M, Desmyter A, et al. Potent enzyme inhibitors derived from dromedary heavy-chain antibodies[J]. Embo Journal, 1998, 17(13): 3512-3520.

[59]De Groeve K, Deschacht N, De Koninck C, et al. Nanobodies as tools for in vivo imaging of specific immune cell types[J]. Journal of Nuclear Medicine, 2010, 51(5): 782-789.

[60]Stijlemans B, De Baetselier P, Caljon G, et al. Nanobodies as tools to understand, diagnose, and treat african trypanosomiasis[J]. Frontiers in Immunology, 2017(8): 724.

[61]Van Audenhove I, Gettemans J. Nanobodies as versatile tools to understand, diagnose, visualize and treat cancer[J]. EBioMedicine, 2016(8): 40-48.

[62]Reddy S T, Ge X, Miklos A E, et al. Monoclonal antibodies isolated without screening by analyzing the variable-gene repertoire of plasma cells[J]. Nature Biotechnology, 2010, 28(9): 965-969.

[63]Fridy P C, Li Y, Keegan S, et al. A robust pipeline for rapid production of versatile nanobody repertoires[J]. Nature Methods, 2014, 11(12): 1253-1260.

[64]Ljungars A, Svensson C, Carlsson A, et al. Deep mining of complex antibody phage pools generated by cell panning enables discovery of rare antibodies binding new targets and epitopes[J]. Frontiers in Pharmacology, 2019, 10(847): 1-17.

[65] 罗波, 毛樱逾, 段素群, 等. 弗氏佐剂与抗原乳化方法的改良及其应用 [J]. 现代预防医学, 2012, 39(5): 1200-1201，1206.

[66] 黄小荣, 梁昌盛, 骆晓枫, 等. 抗原－弗氏佐剂乳化实验技术的改进与技巧 [J]. 实验室研究与探索, 2013, 32(8): 265-266，285.

[67] 于敏, 曲娟娟, 王征, 等. BALB/C 小鼠不同组织 RNA 提取方法的比较 [J]. 东北农业大学学报, 2012, 43(12): 64-67.

[68]Pomraning K R, Smith K M, Bredeweg E L, et al. Library preparation and data analysis packages for rapid genome sequencing[J]. Methods in Molecular Biology, 2012(944): 1-22.

[69]Chen Y, Chen Y, Shi C, et al. SOAPnuke: a MapReduce acceleration-supported software for integrated quality control and preprocessing of high-throughput sequencing data[J]. Giga Science, 2018, 7(1): 1-6.

[70]Liu B, Yuan J, Yiu S M, et al. COPE: an accurate k-mer-based pair-end reads connection tool to facilitate genome assembly[J]. Bioinformatics, 2012, 28(22): 2870-2874.

[71]Zhang W, Du Y, Su Z, et al. IMonitor: a robust pipeline for TCR and BCR repertoire analysis [J]. Genetics, 2015, 201(2): 459-472.

[72]Corbet S, Milili M, Fougereau M, et al. Two V kappa germ-line genes related to the GAT idiotypic network (Ab1 and Ab3/Ab1') account for the major subfamilies of the mouse V kappa-1 variability subgroup[J]. Journal of Immunology. 1987, 138(3): 932-939.

[73]Schäble K, Thiebe R, Bensch A, et al. Characteristics of the immunoglobulin $V\kappa$ genes, pseudogenes, relics and orphons in the mouse genome[J]. Central European Journal of Immunology, 1999(29): 2082-2086.

[74]Lu J, Panavas T, Thys K, et al. IgG variable region and VH CDR3 diversity in unimmunized mice analyzed by massively parallel sequencing[J]. Molecular Immunology, 2014, 57(2): 274-283.

[75]Li Z, Liu G, Tong Y, et al. Comprehensive analysis of the T-cell receptor beta chain gene in rhesus monkey by high throughput sequencing[J]. Scientific Reports, 2015, 5(1): 10092.

[76]Lavinder J J, Wine Y, Giesecke C, et al. Identification and characterization of the constituent human serum antibodies elicited by vaccination[J]. Proceedings of the National Academy of Sciences of the United States of America, 2014, 111(6): 2259-2264.

[77]Kim S, Lee H, Noh J, et al. Efficient selection of antibodies reactive to homologous epitopes on human and mouse hepatocyte growth factors by next-generation sequencing-based analysis of the B cell repertoire[J]. International Journal of

Molecular Sciences, 2019, 20(2): 417.

[78]Hsiao Y C, Shang Y, Dicara D M, et al. Immune repertoire mining for rapid affinity optimization of mouse monoclonal antibodies[J]. MAbs, 2019, 11(4): 735-746.

[79]Imkeller K, Wardemann H. Assessing human B cell repertoire diversity and convergence[J]. Immunological Reviews, 2018, 284(1): 51-66.

[80]Dekosky B J, Kojima T, Rodin A, et al. In-depth determination and analysis of the human paired heavy- and light-chain antibody repertoire[J]. Nature Medicine, 2015, 21(1): 86-91.

[81]Howie B, Sherwood A, Berkebile A, et al. High-throughput pairing of T cell receptor alpha and beta sequences[J]. Science Translational Medicine, 2015(7): 301.

[82]Gray S A, Moore M, Vandenekart E J, et al. Selection of therapeutic H5N1 monoclonal antibodies following IgVH repertoire analysis in mice[J]. Antiviral Research, 2016(131): 100-108.

[83]Xue H, Sun L, Fujimoto H, et al. Artificial immunoglobulin light chain with potential to associate with a wide variety of immunoglobulin heavy chains[J]. Biochemical and Biophysical Research Communications, 2019, 515(3): 481-486.

[84]Cheung W C, Beausoleil S A, Zhang X, et al. A proteomics approach for the identification and cloning of monoclonal antibodies from serum[J]. Nature Biotechnology, 2012, 30(5): 447-452.

[85]Barreto K, Maruthachalam B V, Hill W, et al. Next-generation sequencing-guided identification and reconstruction of antibody CDR combinations from phage selection outputs[J]. Nucleic Acids Research, 2019, 47(9): e50.

[86]Parola C, Neumeier D, Reddy S T. Integrating high-throughput screening and sequencing for monoclonal antibody discovery and engineering[J]. Immunology, 2018, 153(1): 31-41.

[87]Rouet R, Jackson K J L, Langley D B, et al. Next-generation sequencing of antibody display repertoires[J]. Frontiers Immunology, 2018(9): 118.

[88]Ravn U, Didelot, Gérard, et al. Deep sequencing of phage display libraries to support antibody discovery[J]. Methods, 2013, 60(1): 99-110.

[89]Krawczyk K, Raybould M I J, Kovaltsuk A, et al. Looking for therapeutic

antibodies in next-generation sequencing repositories[J]. MAbs, 2019, 11(7): 1197-1205.

[90]Mason D M, Friedensohn S, Weber C R, et al. Deep learning enables therapeutic antibody optimization in mammalian cells by deciphering high-dimensional protein sequence space[J]. BioRxiv, 2019, 617860.

[91]Yoo D K, Lee S R, Jung Y, et al. Machine learning-guided prediction of antigen-reactive in silico clonotypes based on changes in clonal abundance through bio-Panning[J]. Biomolecules, 2020, 10(3): 421.

[92]Abifadel M, Varret M, Rabès J P, et al. Mutations in PCSK9 cause autosomal dominant hypercholesterolemia[J]. Nature Genetics, 2003, 34(2): 154-156.

[93]El Khoury P, Elbitar S, Ghaleb Y, et al. PCSK9 mutations in familial hypercholesterolemia: from a groundbreaking discovery to anti-PCSK9 therapies[J]. Current Atherosclerosis Reports, 2017, 19(12): 49.

[94]Pardon E, Laeremans T, Triest S, et al. A general protocol for the generation of Nanobodies for structural biology[J]. Nature Protocols, 2014, 9(3): 674-693.

[95]Wingett S W, Andrews S. FastQ screen: a tool for multi-genome mapping and quality control[J]. F1000 Research, 2018, 7: 1338.

[96]Bolotin D, Poslavsky S, Mitrofanov I, et al. MiXCR: software for comprehensive adaptive immunity profiling[J]. Nature Methods, 2015, 12: 380-381.

[97]Kitaura K, Yamashita H, Ayabe H, et al. Different somatic hypermutation levels among antibody subclasses disclosed by a new next-generation sequencing-based antibody repertoire analysis[J]. Frontiers in Immunology, 2017, 8: 389-389.

[98]Robinson W H. Sequencing the functional antibody repertoire--diagnostic and therapeutic discovery[J]. Nature reviews Rheumatology, 2015, 11(3): 171-182.

[99]Vincke C, Gutiérrez C, Wernery U, et al. Generation of single domain antibody fragments derived from camelids and generation of manifold constructs[J]. Methods in Molecular Biology, 2012, 907: 145-176.

[100] Ylera F, Harth S, Waldherr D, et al. Off-rate screening for selection of high-affinity anti-drug antibodies[J]. Analytical Biochemistry, 2013, 441(2): 208-213.

[101] De Vlieger D, Ballegeer M, Rossey I, et al. Single-domain antibodies and their formatting to combat viral infections[J]. MAbs. 2018, 8(1): 1.

[102] Fernandes C F C, Pereira S D S, Luiz M B, et al. Camelid single-domain antibodies as an alternative to overcome challenges related to the prevention, detection, and control of neglected tropical diseases[J]. Frontiers in Immunology, 2017, 8: 653-653.

[103] Ahamadi-Fesharaki R, Fateh A, Vaziri F, et al. Single-chain variable fragment-based bispecific antibodies: hitting two targets with one sophisticated arrow[J]. Molecular Therapy Oncolytics, 2019, 14: 38-56.

[104] Coppieters K, Dreier T, Silence K, et al. Formatted anti–tumor necrosis factor α VHH proteins derived from camelids show superior potency and targeting to inflamed joints in a murine model of collagen-induced arthritis[J]. Arthritis & Rheumatism, 2006, 54(6): 1856-1866.

[105] Kontermann R E. Half-life extended biotherapeutics[J]. Expert Opinion on Biological Therapy, 2016, 16(7): 903-915.

[106] Chames P, Van Regenmortel M, Weiss E, et al. Therapeutic antibodies: successes, limitations and hopes for the future[J]. British Journal of Pharmacology, 2009, 157(2): 220-233.

[107] Jorgensen M L, Friis N A, Just J, et al. Expression of single-chain variable fragments fused with the Fc-region of rabbit IgG in Leishmania tarentolae[J]. Microbial Cell Factories, 2014, 13: 9.

[108] Mamer S B, Chen S, Weddell J C, et al. Discovery of high-affinity PDGF-VEGFR interactions: redefining RTK dynamics[J]. Scientific Reports, 2017, 7(1): 16439.

[109] Lu R M, Hwang Y C, Liu I J, et al. Development of therapeutic antibodies for the treatment of diseases[J]. Journal of Biomedical Science, 2020, 27(1): 1.

[110] Deng X, Storz U, Doranz B J. Enhancing antibody patent protection using epitope mapping information[J]. MAbs, 2018, 10(2): 204-209.

[111] Weider E, Susan-Resiga D, Essalmani R, et al. Proprotein convertase subtilisin/ kexin type 9 (PCSK9) single domain antibodies are potent inhibitors of low density lipoprotein receptor degradation[J].Journal of Biological Chemistry, 2016, 291(32): 16659-16671.

[112] Acquaye-Seedah E, Reczek E E, Russell H H, et al. Characterization of

individual human antibodies that bind pertussis toxin stimulated by acellular immunization[J]. Infection and Immunity, 2018, 86(6): 4-18.

[113] Batool M, Caoili S E C, Dangott L J, et al. Identification of surface epitopes associated with protection against highly immune-evasive VlsE-expressing lyme disease spirochetes[J]. Infection and Immunity, 2018, 86(8): 182-188.

[114] Xue M, Shi X, Zhang J, et al. Identification of a conserved B-cell epitope on reticuloendotheliosis virus envelope protein by screening a phage-displayed random peptide library[J]. PLoS One, 2012, 7(11): 49842.

[115] Kim S, Pevzner P A. MS-GF+ makes progress towards a universal database search tool for proteomics[J]. Nature Communications, 2014, 5(1): 5277

[116] Silva F D, Oliveira J E, Freire R P, et al. Expression of glycosylated human prolactin in HEK293 cells and related N-glycan composition analysis[J]. AMB Express, 2019, 9(1): 135.

[117] Daniels M J, Wood M R, Yeager M. In vivo functional assay of a recombinant aquaporin in Pichia pastoris[J]. Applied and Environmental Microbiology, 2006, 72(2): 1507-1514.

[118] Omidfar K, Rasaee M J, Kashanian S, et al. Studies of thermostability in camelus bactrianus (Bactrian camel) single-domain antibody specific for the mutant epidermal-growth-factor receptor expressed by Pichia[J]. Biotechnology and Applied Biochemistry, 2007, 46(1): 41-49.

[119] Khodabakhsh F, Behdani M, Rami A, et al. Single-domain antibodies or nanobodies: a class of next-generation antibodies[J]. International Reviews of Immunology, 2018, 37(6): 316-322.

[120] Safonova Y, Bonissone S, Kurpilyansky E, et al. Ig repertoire constructor: a novel algorithm for antibody repertoire construction and immunoproteogenomics analysis[J]. Bioinformatics, 2015, 31(12): 53-61.

[121] Hartmann F J, Simonds E F, Vivanco N, et al. Scalable conjugation and characterization of immunoglobulins with stable mass isotope reporters for single-cell mass cytometry analysis[J]. Methods in Molecular Biology, 2019, 1989: 55-81.

[122] Díez P, Ibarrola N, Dégano R M, et al. A systematic approach for peptide

characterization of B-cell receptor in chronic lymphocytic leukemia cells[J]. Oncotarget, 2017, 8(26): 42836-42846.

[123] Lobo P I. Role of natural autoantibodies and natural IgM anti-leucocyte autoantibodies in health and disease[J]. Frontiers in Immunology, 2016, 7: 198.

[124] Liu G, Zeng H, Mueller J, et al. Antibody complementarity determining region design using high-capacity machine learning[J]. Bioinformatics, 2020, 36(7): 2126-2133.

[125] Salema V, Mañas C, Cerdán L, et al. High affinity nanobodies against human epidermal growth factor receptor selected on cells by *E. coli* display[J]. MAbs, 2016, 8(7): 1286-1301.

[126] Krah S, Kolmar H, Becker S, et al. Engineering IgG-like nispecific antibodies-an overview [J]. Antibodies (Basel), 2018, 7(3): 28.

[127] Godakova S A, Noskov A N, Vinogradova I D, et al. Camelid VHHs fused to human Fc fragments provide long term protection against botulinum neurotoxin a in mice[J]. Toxins (Basel), 2019, 11(8): 464.

[128] De Meyer T, Laukens B, Nolf J, et al. Comparison of VHH-Fc antibody production in Arabidopsis thaliana, Nicotiana benthamiana and Pichia pastoris[J]. Plant Biotechnology Journal, 2015, 13(7): 938-947.

[129] Tripathi N K, Shrivastava A. Recent developments in bioprocessing of recombinant proteins: expression hosts and process development[J]. Frontiers in Bioengineering and Biotechnology, 2019, 7: 420.

[130] Baghban R, Gargari S L M, Rajabibazl M, et al. Camelid-derived heavy-chain nanobody against Clostridium botulinum neurotoxin E in Pichia pastoris[J]. Biotechnology and Applied Biochemistry, 2016, 63(2): 200-205.

[131] Ji X, Lu W, Zhou H, et al. Covalently dimerized Camelidae antihuman TNFa single-domain antibodies expressed in yeast Pichia pastoris show superior neutralizing activity[J]. Applied Microbiology and Biotechnology, 2013, 97(19): 8547-8558.

[132] De Greve H, Virdi V, Bakshi S, et al. Simplified monomeric VHH-Fc antibodies provide new opportunities for passive immunization[J]. Current Opinion in Biotechnology, 2020, 61: 96-101.

[133] Djender S, Schneider A, Beugnet A, et al. Bacterial cytoplasm as an effective cell compartment for producing functional VHH-based affinity reagents and Camelidae IgG-like recombinant antibodies[J]. Microbial Cell Factories, 2014, 13: 140.

[134] Wang X, An Z, Luo W, et al. Molecular and functional analysis of monoclonal antibodies in support of biologics development[J]. Protein Cell, 2018, 9(1): 74-85.

[135] Mueller G A, Ankney J A, Glesner J, et al. Characterization of an anti-Bla g 1 scFv: epitope mapping and cross-reactivity[J]. Molecular Immunology, 2014, 59(2): 200-207.

[136] Chi S W, Maeng C Y, Kim S J, et al. Broadly neutralizing anti-hepatitis B virus antibody reveals a complementarity determining region H3 lid-opening mechanism[J]. Proceedings of the National Academy of Sciences of the United States of America, 2007, 104(22): 9230-9235.

[137] Deng R, Jin F, Prabhu S, et al. Monoclonal antibodies: what are the pharmacokinetic and pharmacodynamic considerations for drug development?[J]. Expert Opinion on Drug Metabolism & Toxicology, 2012, 8(2): 141-160.

[138] Rodrigo-Mocholí D, Escudero E, Belda E, et al. Pharmacokinetics and effects of alfaxalone after intravenous and intramuscular administration to cats[J]. New Zealand Veterinary Journal, 2018, 66(4): 172-177.

[139] Salfeld J G. Isotype selection in antibody engineering[J]. Nature Biotechnology, 2007, 25(12): 1369-1372.

附　录

缩略语	英文全称	中文全称
CDR3	complementarity determining region 3	互补结合区 Ⅲ
CHOL	total cholesterol	总胆固醇
CVD	cardiovascular diseases	心脑血管疾病
DPBS	dulbecco's phosphate buffered saline	杜尔贝科磷酸盐缓冲液
DMEM	dulbecco's modified eagle medium	杜尔贝科改良型 eagle 培养基
DNA	deoxyribonucleic acid	脱氧核糖核酸
EC50	half maximal effective concentration	半数有效浓度
ELISA	enzyme-linked immunosorbent assay	酶联免疫反应
hPCSK9	human proprotein convertase subtilisin/kexin type 9	人枯草溶菌素转化酶前体 9
HEK293	human embryonic kidney 293	人胚胎肾细胞 293 型
IgG	immunoglobulin gama	免疫球蛋白 γ
IgM	immunoglobulin mu	免疫球蛋白 μ
IGH	immunoglobulin heavy chain	免疫球蛋白重链
IGHV	variable germline gene of the immunoglobulin heavy chain	免疫球蛋白重链可变区基因
IGHJ	joining germline gene of the immunoglobulin heavy chain	免疫球蛋白重链结合区基因
Imonitor	a pipeline for TCR and BCR repertoire analysis	TCR 和 BCR 免疫组库分析软件
IPTG	isopropyl-β-d-thiogalactoside	异丙基 -β-d- 硫代半乳糖苷
IR	immune repertoire	免疫组库
J	joining germline gene	结合可变基因

续表

缩略语	英文全称	中文全称
LDL	low density lipoprotein	低密度脂蛋白
LDL-c	low density lipoprotein cholesterol	低密度脂蛋白胆固醇
LDLR	low density lipoprotein receptor	低密度脂蛋白受体
ka	binding rate (1/ms)	结合速率（单位是 1/ms）
kd	dissociation rate (1/s)	解离速率（单位是 1/s）
Kd	kd/ka, the affinity is measured in Kd	亲和力值 （解离速率 / 结合速率）
kDa	kilo dalton	千道尔顿
NGS	next-generation sequencing	第二代高通量测序
nt	nucleotides	核苷酸
OD450	the optical density value at 450 nm	450 nm 处吸光值
PBST	phosphate buffer solution with 0.05% tween-20	混入 0.05% 的吐温 20 的 磷酸盐缓冲液
PCR	polymerase chain reaction	聚合酶链式反应
PCSK9	proprotein convertase subtilisin/kexin type 9	枯草溶菌素转化酶前体 9
RACE	rapid amplification of cDNA end	cDNA 末端快速扩增
RFU	the relative fluorescence unit	相对荧光单位
RNA	ribonucleic acid	核糖核酸
RU	response units	响应值单位
SD rat	Sprague Dawley rat	斯普拉 - 道来氏大鼠
sdAb	single domain antibody	单域抗体
SPR	surface plasmon resonance	表面等离子共振技术
TES buffer	0.2 mol/L Tris–HCl pH 8.0, 0.5 mmol/L EDTA, 0.5 mol/L sucrose	大肠杆菌破壁裂解液
Tg+	hPCSK9 transgenic rats	人枯草溶菌素转化酶前体转 基因大鼠

续表

缩略语	英文全称	中文全称
V	variable germline gene	可变胚系基因
VHH	high variable region of the heavy chain antibody	重链抗体高度可变区基因
V(D)J	variable, diversity and joining germline genes	可变、多样性及结合胚系基因
V/J	variable and joining germline genes	可变和结合胚系基因

研究成果

1. 发表文章

[1] Li X, Zhang W, Huang M, Ren Z, Nie C, Liu X, Yang S, Zhang X, Yang N. Selection of potential cytokeratin-18 monoclonal antibodies following IGH repertoire evaluation in mice. J Immunol Methods. 2019 Nov;474:112647. doi: 10.1016/j.jim.2019.112647. Epub 2019 Aug 14. PMID: 31421082.

[2] Li X, Wang M, Zhang X, Liu C, Xiang H, Huang M, Ma Y, Gao X, Jiang L, Liu X, Li B, Hou Y, Zhang X, Yang S, Yang N. The novel llama-human chimeric antibody has potent effect in lowering LDL-c levels in hPCSK9 transgenic rats. Clin Transl Med. 2020 Feb 13;9(1):16. doi: 10.1186/s40169-020-0265-2. PMID: 32056048; PMCID: PMC7018876.

[3] Li X, Hong J, Gao X, Wang M, Yang N. Development and characterization of a camelid derived antibody targeting a linear epitope in the hinge domain of human PCSK9 protein. Sci Rep. 2022 Jul 16;12(1):12211. doi: 10.1038/s41598-022-16453-3. PMID: 35842473; PMCID: PMC9288512.

[4] Li X, Zhang W, Shu Y, Huo R, Zheng C, Qi Q, Fu P, Sun J, Wang Y, Wang Y, Lu J, Zhao X, Yin G, Wang Q, Hong J. Biparatopic anti-PCSK9 antibody enhances the LDL-uptake in HepG2 cells. Sci Rep. 2024 Jul 3;14(1):15331. doi: 10.1038/s41598-024-66290-9. PMID: 38961200; PMCID: PMC11222478.

2. 申请专利

[1] 专利名称：一种结合 PCSK9 抗原的单域抗体及其制备方法

专利类型：发明专利

申请号：CN202310380811.8

申请日：20230411

公开号：CN116333149A

公开日期：20230627

申请人：河南城建学院

发明人：李新洋；王青青；舒羽；陈娟；霍瑞；赵相杰；陆居旭；洪军；于可豪

[2] 专利名称：一种能特异性结合 PCSK9 抗原的纳米抗体及其制备方法

专利类型：发明专利

申请日：20221226

申请号：CN202211677447.3

申请（专利权）人：河南城建学院

公开日期：20230414

发明人：李新洋；李小康；王青青；洪军；郑城洋；王雨欢

[3] 专利名称：一种用于检测人 PCSK9 蛋白水平的免疫学试剂

专利类型：发明专利

申请号：CN202211669629.6

申请日：20221225

公开号：CN116106548A

公开日期：20230512

申请人：河南城建学院

发明人：李新洋；李小康；王青青；刘金龙；王妍；赫文蔚；张泽文；薛凯升；洪军

[4] 专利名称：骆驼科抗体可变区免疫组库构建的引物组合及应用

专利类型：发明专利

申请（专利）号：CN201680089897.7；PCT/CN2016/109286

申请日期：20161209

公开 / 公告号：CN110139952A

公开 / 公告日期：20190816

公开日期（授权）：20221125

申请（专利权）人：深圳华大生命科学研究院

发明人：李新洋；杨乃波；黄谧；刘楚新；曹丽霞；丁权；马莹莹；王媚娘

[5] 专利名称：特异性结合 PCSK9 抗原的纳米抗体及其制备方法和应用

专利类型：发明专利

申请（专利）号：CN201811022945.8

申请日期：20180903

公开号：CN110872353A

公开 / 公告日期：20200310

公开日期（授权）：20210504

申请（专利权）人：深圳华大基因科技有限公司；深圳华大生命科学研究院

发明人：李新洋；刘小盼；张新华；王媚娘；黄谧；杨乃波；杨爽